毕克定理

《数学中的小问题大定理》丛书（第五辑）

佩捷 主编

哈尔滨工业大学出版社

HARBIN INSTITUTE OF TECHNOLOGY PRESS

内容简介

本书从一道国际数学奥林匹克候选题谈起,引出毕克定理.全书介绍了毕克定理、毕克定理和黄金比的无理性、格点多边形和数 $2i+7$ 三章以及闵嗣鹤论、空间格点三角形的面积、从施瓦兹到毕克到阿尔弗斯及其他、美国中学课本中的有关平面格点的内容四个附录.阅读本书可全面地了解毕克定理以及毕克定理在数学中的应用.

本书适合高中生、大学生以及数学爱好者阅读和收藏.

图书在版编目(CIP)数据

毕克定理 / 佩捷主编. -- 哈尔滨:哈尔滨工业大学出版社,2014.7

ISBN 978 - 7 - 5603 - 4805 - 6

Ⅰ.①毕… Ⅱ.①佩… Ⅲ.①面积定理 - 普及读物 Ⅳ.①O437 - 49

中国版本图书馆 CIP 数据核字(2014)第 139629 号

策划编辑	刘培杰 张永芹
责任编辑	张永芹 关虹玲
封面设计	孙茵艾
出版发行	哈尔滨工业大学出版社
社　　址	哈尔滨市南岗区复华四道街 10 号　邮编 150006
传　　真	0451 - 86414749
网　　址	http://hitpress.hit.edu.cn
印　　刷	哈尔滨工业大学印刷厂
开　　本	787mm×960mm　1/16　印张 8.5　字数 84 千字
版　　次	2014 年 7 月第 1 版　2014 年 7 月第 1 次印刷
书　　号	ISBN 978 - 7 - 5603 - 4805 - 6
定　　价	18.00 元

目

录

毕克(Pick)定理

第 1 章

我们先来看一道试题：

☞ 设 $\triangle ABC$ 的顶点坐标都是整数,且在 $\triangle ABC$ 的内部只有一个整点(在边上允许有整点).求证: $\triangle ABC$ 的面积小于等于 $\dfrac{9}{2}$.

(第 31 届国际数学奥林匹克候选题,1990 年)

证 设 O 为 $\triangle ABC$ 内的整点,边 BC, CA,AB 的中点分别为 A_1,B_1,C_1.

显然,O 或在 $\triangle A_1 B_1 C_1$ 的内部或在 $\triangle A_1 B_1 C_1$ 的边界上.

否则,由于 A,B,C 关于点 O 的对称点均为整点,那么在 $\triangle ABC$ 内就不止一个整点.

如图 1,设 A_2 是点 A 关于 O 的对称点,D 是平行四边形 $ABDC$ 的第四个顶点,则 A_2 为 $\triangle BCD$ 的内点或在它的边界上.

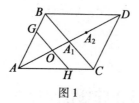

图1

(1)若 A_2 为 $\triangle BCD$ 的内点.

因为 A_2 是整点,所以 A_2 就是 O 关于平行四边形 $ABDC$ 中心 A_1 的对称点——平行四边形 $ABDC$ 内唯一的整点,A,O,A_2 和 D 是线段 AD 上相继的整点,所以

$$AD = 3AO$$

由于 A,B,C 地位相同,所以 O 是 $\triangle ABC$ 的重心,过 O 作线段 $GH /\!/ BC$,若 BC 内部的整点多于两个,则 GH 内部必含有一个不同于 O 的整点(这是因为 BC 上每两个整点的距离小于等于 $\frac{1}{4}BC$,而 $OG = OH = \frac{1}{3}BC$),出现矛盾. 因此,BC 的内部至多只有两个整点,AB 与 AC 有同样的结论.

总之,在 $\triangle ABC$ 的边界上的整点数小于等于 9,则由有关整点与面积的定理有:$\triangle ABC$ 的面积小于等于 $1 + \frac{9}{2} - 1 = \frac{9}{2}$.

(2)若 A_2 在 $\triangle BCD$ 的边界上.

与(1)类似,可以推出边 BC 内部的整点数不超过 3(仅当 O 在 B_1C_1 上时,出现 3 个整点). AB 与 AC 内部的整点数均不能多于 1(图2).

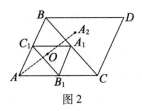

图 2

总之,在 $\triangle ABC$ 的边界上的整点数小于等于 8,因此,$\triangle ABC$ 的面积小于等于 $1 + \dfrac{8}{2} - 1 = 4$.

由(1),(2)命题得证.

在本题的解答中用到了一个中学不常见的定理——毕克定理.

毕克定理 1 如图 3,设 A, B, C 都是格点,用 $S(\triangle)$ 表示 $\triangle ABC$ 的面积,$B(\triangle)$ 表示 $\triangle ABC$ 三边上格点数(包括端点),$C(\triangle)$ 表示 $\triangle ABC$ 内部的格点数,则

$$S(\triangle) = C(\triangle) + \frac{1}{2}B(\triangle) - 1$$

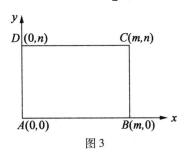

图 3

证 先考虑两直角边分别平行于坐标轴的直角三角形. 不妨设顶点坐标为 $A(0,0), B(m,0), C(m,n)$,取点 $D(0,n)$,则四边形 $ABCD$ 为矩形. 显然,矩形 $ABCD$ 内部的格点数为 $(m-1)(n-1)$. 假定 $\triangle ABC$ 斜

3

边 AC 上的格点数为 l，那么

$$C(\triangle) = \frac{1}{2}\{(m-1)(n-1)-(l-2)\}$$

$$B(\triangle) = m+n+l-1$$

因此

$$C(\triangle)+\frac{1}{2}B(\triangle)-1 = \frac{1}{2}mn = S(\triangle)$$

即对直角三角形命题成立.

再设 $\triangle ABC$ 为任意格点三角形，不妨设顶点坐标为 $A(0,0)$，$B(m_1,n_1)$，$C(m_2,n_2)$. 如图 4 所示，$\triangle ABC$ 内接于格点矩形 $ADEF$，显然，$\triangle ABC$ 的面积等于矩形 $ADEF$ 的面积减去三个直角三角形面积之和.

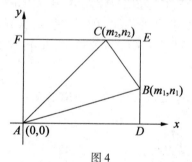

图 4

设 BC 上格点数为 l_1，CA 上格点数为 l_2，AB 上格点数为 l_3（均包括端点），并令 $\triangle_1$，$\triangle_2$，$\triangle_3$ 分别表示三角形 BEC，三角形 CFA，三角形 ADB，则

$$S(\triangle_i) = C(\triangle_i)+\frac{1}{2}B(\triangle_i)-1, i=1,2,3$$

我们用 $C(R)$，$B(R)$ 分别表示矩形 $ADEF$ 内的格点数与边界上的格点数，显然

$$S_{矩形ADEF} = C(R)+\frac{1}{2}B(R)-1$$

4

故

$$S(\triangle) = S_{矩形ADEF} - S(\triangle_1) - S(\triangle_2) - S(\triangle_3)$$

$$= \{ C(R) - C(\triangle_1) - C(\triangle_2) - C(\triangle_3) \} +$$

$$\frac{1}{2} \{ B(R) - B(\triangle_1) - B(\triangle_2) -$$

$$B(\triangle_3) \} + 2$$

$$= \{ C(\triangle) + B(\triangle) - 3 \} + \frac{1}{2} \{ -B(\triangle) \} + 2$$

$$= C(\triangle) + \frac{1}{2} B(\triangle) - 1$$

于是命题得证.

例 1　如果格点 $\triangle ABC$ 内恰有一个整点 D,那么 D 一定是 $\triangle ABC$ 的重心.

(1955 年匈牙利数学奥林匹克试题)

证　由毕克定理 1 知

$$S_{\triangle ABC} = 1 + \frac{1}{2} \times 3 - 1 = \frac{3}{2}$$

$$S_{\triangle ABD} = 0 + \frac{1}{2} \times 3 - 1 = \frac{1}{2}$$

同理　　　　　　$S_{\triangle BCD} = S_{\triangle CAD} = \frac{1}{2}$

即 DA, DB, DC 将 $\triangle ABC$ 的面积三等分,因此 D 一定是重心.

毕克定理 2　如图 5,设 $A_1 A_2 \cdots A_n$ 是格点多边形. 用 S_n 表示它的面积,C_n 表示它内部的格点数,B_n 表示它边界上的格点数(包括端点),那么

$$S_n = C_n + \frac{1}{2} B_n - 1$$

证　用数学归纳法. 当 $n = 3$ 时,由毕克定理 1 知命题成立. 设 $n = k - 1$ 时命题成立. 当 $n = k$ 时,由于多

边形中至少有一个内角,不妨设为 $\angle A_k$,小于 π,我们联结 A_1A_{k-1},因此得

$$S_k = S_{k-1} + S(\triangle)$$
$$= \{ C_{k-1} + C(\triangle) \} +$$
$$\frac{1}{2}\{ B_{k-1} + B(\triangle) \} - 2$$

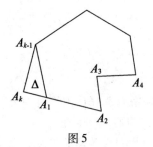

图 5

设 A_1A_{k-1} 上的格点数为 l,则

$$S_k = (C_k - l + 2) + \frac{1}{2}(B_k + 2l - 2) - 2$$

$$= C_k + \frac{1}{2}B_k - 1$$

即 $n = k$ 时命题也成立.

利用毕克定理 2 我们还可以解决另一个涉及多边形的问题,为了体现使用毕克定理 2 的优越性,我们先用普通方法证明.

例 2 如果某个平行四边形的顶点是整点,在平行四边形的内部或它的边上还有另外的整点,那么,这个平行四边形的面积大于 1.

(1941 年匈牙利数学奥林匹克题 2)

证 假设三角形的顶点是整点 $P_i(x_i, y_i)$,$i = 1$,2,3. 如果它不是退化的,那么它的面积满足不等式

6

$$S = \frac{1}{2} \mid x_1(y_2 - y_3) + x_2(y_3 - y_1) + x_3(y_1 - y_2) \mid \geqslant \frac{1}{2}$$

如果在整点平行四边形内部或边上,除了顶点以外,至少还有一个整点,那么,将这个整点和平行四边形的所有顶点联结起来,则把整点平行四边形至少分成三个非退化的整点三角形. 因为它们之中的每一个面积都不小于 $\frac{1}{2}$,所以平行四边形的面积不小于 $\frac{3}{2}$.

下面我们用毕克定理 2 来证明:易见 $C_4 \geqslant 1, B_4 = 4$,代入公式

$$S_4 = C_4 + \frac{1}{2}B_4 - 1$$

$$\geqslant 1 + 2 - 1 \geqslant 2$$

两个解答放在一起,高低立见.

例 3　设平行四边形 $ABCD$ 的顶点都是整点,并且内部及边上没有其他的整点. 证明:这个平行四边形的面积为 1.

证　不妨设 A 为原点,否则如图 6 所示,将平行四边形 $ABCD$ 沿 OA 平移,成为平行四边形 $OB'C'D'$(A 与 O 重合). 对平行四边形 $OB'C'D'$ 中任一不是顶点的点 $E'(x', y')$,设它由 $E(x, y)$ 平移而来,则

$$x' = x - x_A, y' = y - y_A \tag{1}$$

由于 E 在平行四边形 $ABCD$ 中不是顶点,x, y 不全为整数,所以由式(1)知,x', y' 也不全是整数,即 E' 不是整点,平行四边形 $OB'C'D'$ 中只有顶点是整点.

不妨设平行四边形 $ABCD$ 的顶点 B, D 的坐标分别为 $(a, c), (b, d)$. 在直线 AB 上取点 $B_k(ka, kc)$,在直线 AD 上取点 $D_k(kb, kd)$($k = 0, \pm 1, \pm 2, \cdots$),其中 $B_1 = B, D_1 = D, B_0 = D_0 = 0$. 这些点都是整点,过这些点

作 AB 或 AD 的平行线,形成平行四边形网格(图7),每个小平行四边形均与平行四边形 $ABCD$ 全等.

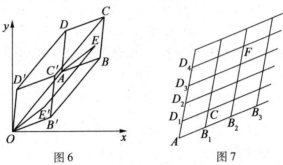

图6   图7

由于 $O,B_i,D_j(i,j\in \mathbf{Z})$ 都是整点,所以上述平行四边形的顶点都是整点.这些平行四边形都可以平移成平行四边形 $OB'C'D'$.与开头所说类似(图6),这些平行四边形中没有其他整点.

于是每个整点 $F(m,n)$ 都是上述平行四边形网格的格点,因而对每一对整数 m,n,方程组

$$\begin{cases} ax+by=m \\ cx+dy=n \end{cases}$$

有整数解 x,y(F 与 A,B_x,D_y 构成平行四边形).

由上一题知, $ad-bc=\pm 1$,即平行四边形 $ABCD$ 的面积为1.

注 在三维空间中,顶点都是整点,并且内部及边上没有其他整点的平行四边形或三角形,它的面积可取哪些值?这是一个颇有意思的问题(见附录).

8

毕克定理和黄金比的无理性①

第 2 章

1874 年,康托(Cantor)在发表其著名的对角化论证的前两年,他的关于实数集的不可数性的第一个证明出现在出版物[1]中.意想不到,正如我们要在这里证明的,康托推理的一点小变动证明了黄金比是无理的.我们将利用另一个定理,即毕克在 19 世纪所得到的另一个经典的定理.毕克定理提供了包含在平面中具有格点顶点的单连通多边形区域中的格点数目的

① 译自:The Amer. Math. Monthly, Vol. 117 (2010), No. 7, P. 633-637, On Cantor's First Uncountability Proof, Pick's Theorem, and the Irrationality of the Golden Ratio, Mike Krebs and Thomas Wright, figure number 3. Copyright © 2010 the Mathematical Association of America. Reprinted with permission. All rights reserved. 美国数学协会授予译文出版许可.

一个简单的公式.

我们以概要重述康托在 1874 年所做的证明作为开始. 为了证明实数集是不可数的, 我们必须证明: 对于任给的相异实数的一个可数序列, 存在另一个不在此序列中的实数. 与对角化论证类似, 我们的证明将这样做, 通过提供一个产生这样一个数的明确算法; 与对角化论证不同的是, 我们的证明将不利用十进制展开, 而利用实数的有序性质.

令 $\{a_n\}$ 是相异实数的一个可数序列. 假设存在两个不同的项 a_j 和 a_k, 使得没有项 a_l 严格地位于 a_j 和 a_k 之间. 换言之, 假设 $\{a_n\}$ 不具有中间值性质. 令 L 是严格位于 a_j 和 a_k 之间的任一实数, 例如 $(a_j + a_k)/2$, 则 L 不在序列 $\{a_n\}$ 中.

现在假设 $\{a_n\}$ 有中间值性质. 康托如下递归地构造了两个序列 $\{b_n\}$ 和 $\{c_n\}$. 令 $b_1 = a_1$, 并令 $c_1 = a_2$. 令 b_{k+1} 是 $\{a_n\}$ 中严格位于 b_k 和 c_k 之间的第一项. 令 c_{k+1} 是 $\{a_n\}$ 中严格位于 b_{k+1} 和 c_k 之间的第一项.

我们只考虑 $a_1 > a_2$ 的情形, $a_1 < a_2$ 情形中的证明是类似的. 由于 $a_1 > a_2$, 我们得到 $\{b_n\}$ 是一个严格减的序列, 而 $\{c_n\}$ 是一个严格增的序列, 并且每个 c_n 小于每个 b_n. 再者, 如果 $b_n = a_k, b_{n+1} = a_l$, 那么 $k < l$, 对于序列 $\{c_n\}$ 类似的陈述成立. 换言之, 在我们继续不断地选取诸 b 和诸 c 时, 我们在序列 $\{a_n\}$ 中越来越深入. 令 L 是 $\{c_n\}$ 的最小上界. 我们注意到, 对于所有的 k, l, 有 $c_k < L < b_l$.

我们断言, L 不在序列 $\{a_n\}$ 中. 假设不然, 那么对于某个 l, 有 $L = a_l$. 选取 m, 使得 $b_m = a_k, c_m = a_r$, 并且 $k, r > l$. 因为诸 b 和诸 c 来自于序列 $\{a_n\}$ 的越来越深

处,所以这样的选取总是可能的. 由 b 序列和 c 序列的构造知,对于每个 $i \leqslant \max\{k,r\}$,我们有 $a_i \leqslant c_m$ 或 $a_i \geqslant b_m$. 然而由上述知,有 $c_m < L < b_m$. 这样,我们就得到了一个矛盾[1],并因此得到了一个构思相当精巧的证明结论.

现在我们对一个很特殊的序列而不是一个任意序列 $\{a_n\}$ 来实施康托的论证. 即,令 $\{a_n\}$ 是大于 0 且小于或等于 1 的有理数集合的标准枚举. 也就是说,序列 $\{a_n\}$ 是把所有这些有理数写成既约分数,然后以分母增序排列,具有相同分母的分数以分子增序排列. $\{a_n\}$ 的前若干项是 $1/1, 1/2, 1/3, 2/3, 1/4, 3/4, 1/5,$ $2/5, 3/5, 4/5, 1/6, 5/6, \cdots$

如上所述取序列 $\{b_n\}$ 和 $\{c_n\}$. 直接计算可知 $\{b_n\}$ 和 $\{c_n\}$ 的前若干项为

$$b_1 = \frac{1}{1} \qquad c_1 = \frac{1}{2}$$

$$b_2 = \frac{2}{3} \qquad c_2 = \frac{3}{5}$$

$$b_3 = \frac{5}{8} \qquad c_3 = \frac{8}{13}$$

$$b_4 = \frac{13}{21} \qquad c_4 = \frac{21}{34}$$

$$b_5 = \frac{34}{55} \qquad c_5 = \frac{55}{89}$$

$$\vdots \qquad\qquad \vdots$$

---

① 事实上,对于 $a_1 > a_2$ 的情形,必有 $k < r$,因而 $\max\{k,r\} = r$. 而当 $i \leqslant r$ 时,有 $a_i \leqslant c_m$. 因而由 $c_m < L$ 得 $a_i < L$. 特别地,$a_1 < L$ 与 $L = a_1$ 矛盾. ——译注

毕克定理

　　一个令人惊奇的模式不请自来——突然地和没有先兆地,我们的老朋友斐波那契(Fibonacci)序列顺便来访问了! 下一个引理将证明,这个模式对所有的 n 都成立.

　　回忆一下,斐波那契序列 $\{F_n\}$ 由 $F_1 = F_2 = 1$ 和 $F_{n+2} = F_n + F_{n+1}$ 定义.

　　引理 1 对于所有的 n,我们有 $b_n = F_{2n-1}/F_{2n}$ 和 $c_n = F_{2n}/F_{2n+1}$.

　　证 我们用关于 n 的归纳法来证明. 基本情形 $b_1 = F_1/F_2$ 和 $c_1 = F_2/F_3$ 是直接成立的. 现在我们假设 $b_k = F_{2k-1}/F_{2k}$ 和 $c_k = F_{2k}/F_{2k+1}$. 我们将证明 $b_{k+1} = F_{2k+1}/F_{2k+2}$,$c_{k+1} = F_{2k+2}/F_{2k+3}$ 的证明是类似的. 关于 F_{2k+1}/F_{2k+2} 我们必须证明两个事实,即,它严格地位于 b_k 和 c_k 之间,以及它是序列 $\{a_n\}$ 中第一个这样的项.

　　$c_k < F_{2k+1}/F_{2k+2} < b_k$ 这一事实有一个不用言辞的优美证明. 考虑图 1. 令 v_1 和 v_2 是 $\mathbf{R}^2$ 中起点分别在 (F_{2k}, F_{2k-1}) 和 (F_{2k+1}, F_{2k}) 的向量. 正如我们从图 1 中容易看出的那样,$v_1 + v_2$ 的斜率严格地位于 v_1 的斜率和 v_2 的斜率之间. 但是 v_1 的斜率是 b_k,v_2 的斜率是 c_k,并且 $v_1 + v_2$ 的斜率是 $(F_{2k-1} + F_{2k})/(F_{2k} + F_{2k+1}) = F_{2k+1}/F_{2k+2}$.

　　我们现在来证明 F_{2k+1}/F_{2k+2} 是序列 $\{a_n\}$ 中位于 b_k 和 c_k 之间的第一项. 我们再次把这些比值看作平面中一些向量的斜率,如图 2 所示.

　　令

$$T = \left\{ (x, y) \;\middle|\; F_{2k+1} \leqslant x \leqslant F_{2k+2}, \text{并且} \frac{F_{2k}}{F_{2k+1}} < \frac{y}{x} < \frac{F_{2k-1}}{F_{2k}} \right\}$$

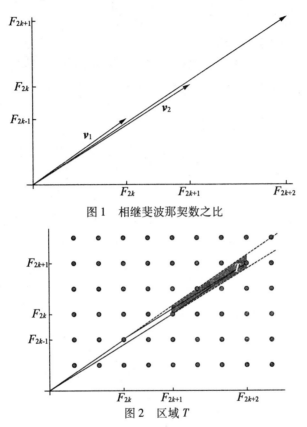

图 1　相继斐波那契数之比

图 2　区域 T

阴影区域 T 的边界是一个梯形. 在(位于 T 中的)两条铅垂线段上的点表示分母为 F_{2k+1} 和 F_{2k+2} 的分数. 在(位于 T 的外部的)两条虚线上的点表示比值 F_{2k-1}/F_{2k} 和 F_{2k}/F_{2k+1}. 图 2 中的格点表示有理数. 我们断言, T 中除了 (F_{2k+2}, F_{2k+1}) 以外没有别的格点. 序列 $\{a_n\}$ 中在数值上位于 c_k 和 b_k 之间的、但在此序列中位于 b_k 和 c_k 之后的、F_{2k+1}/F_{2k+2} 之前的项恰由这样一个格点所表示, 因而证明这个断言将足以完成引理 1

13

的证明. 为此, 我们援引下述定理.

定理 1(毕克定理)   令 R 是 $\mathbf{R}^2$ 中以格点为顶点的一个单连通多边形区域. 令 A 是 R 的面积, b 是位于 R 的边界上的格点数, 并令 i 是在 R 内部的格点数. 则

$$A = i + \frac{b}{2} - 1$$

注意, 在此情形中我们不能直接应用毕克定理, 因为 T 的顶点也许不是格点. 然而我们可以用 4 个平行四边形 P_1, P_2, P_3 和 P_4 来覆盖 T, 如图 3 中所示, 其中 P_1 是由向量 $\boldsymbol{v}_1$ 和 $\boldsymbol{v}_2$ 决定的平行四边形, 其余 3 个是 P_1 的平移, 即 $P_2 = P_1 + \boldsymbol{v}_2, P_3 = P_1 + \boldsymbol{v}_1$ 和 $P_4 = P_1 + 2\boldsymbol{v}_1$. 由一个不难的归纳法得到 $2F_{2k+1} > F_{2k+2}$ 和 $3F_{2k} > F_{2k+2}$, 因而有 $T \subseteq P_1 \cup P_2 \cup P_3 \cup P_4 = P$, 如图 3 所示.

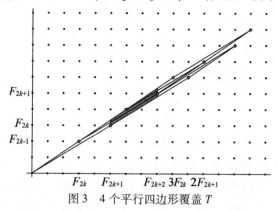

图 3   4 个平行四边形覆盖 T

P_1 的面积为

$$\left| \det \begin{pmatrix} F_{2k-1} & F_{2k} \\ F_{2k} & F_{2k+1} \end{pmatrix} \right| = | F_{2k-1}F_{2k+1} - F_{2k}^2 | = 1$$

其中最后的等式由归纳法的一个标准的练习即得, 即

对于所有整数 $n \geq 2$, 有 $|F_{n-1}F_{n+1} - F_n^2| = 1$ 这一事实. 由于 P_1, P_2, P_3 和 P_4 都是全等的, 它们只沿着边相交, 所以 P 的面积为 4. 相继的斐波那契数是互素的——再一次, 一个不难的归纳法可以证明这个事实. 由此即得, 对于 $j \in \{1, 2, 3, 4\}$, 在 P_j 的边界上的格点只是 P_j 的顶点. 因而 P 的边界格点恰好是如图 3 所示的 10 个点.

因而由毕克定理知, P 的内部包含 $4 - 10/2 + 1 = 0$ 个格点. 所以如所要求的, T 中除了 (F_{2k+2}, F_{2k+1}) 外没有其他格点.

如上, 令 L 是序列 $\{c_n\}$ 的最小上界. 由引理 1 即得 $L = \lim\limits_{k \to \infty} F_{2k}/F_{2k+1}$. 令 $\phi = (1 + \sqrt{5})/2$. 数 ϕ 称为黄金比. 众所周知, 相继斐波那契数之比的极限 L 是 ϕ^{-1} (适合于无专业知识的人的一个简洁的证明: 令 $M = \lim\limits_{n \to \infty} F_{n+1}/F_n = \lim\limits_{n \to \infty} F_{n+2}/F_{n+1} = \lim\limits_{n \to \infty}(F_{n+1} + F_n)/F_{n+1} = 1 + 1/M$. 解出 M, 得到 $M = \phi$, 再取倒数).

康托的推理路线说明, L 不是 $\{a_n\}$ 的元素. 但是 $\{a_n\}$ 包含 0, 1 之间的所有有理数. 因为 $0 < \phi^{-1} < 1$, 因而我们得到结论: ϕ^{-1} 不是有理数. 因而我们有下述定理.

定理 2　黄金比是无理数.

我们注意到, 我们的讨论将使许多读者直接回想起 ϕ 的连分数展开. 事实上, 我们关于"康托方法产生的两个序列由相继斐波那契数之比所给出"的证明, 是紧跟着下述事实的证明路线的: 一个截尾连分数在分子小于或等于其分母的所有有理数中给出这个连分数的最佳逼近.

参考文献

[1] CANTOR G. Über eine Eigenschaft des Inbegriffes aller reelen algebraischen Zahlen[J]. J. Reine Angew. Math. ,1874 ,77 :258-262.

[2] PICK G. Geometrisches zur Zahlenlehre [J]. Sitzenber. Lotos Prague ,1899 ,19 :311-319.

格点多边形和数 $2i + 7$[①]

第
3
章

§1 引言

一、一切是如何开始的

当第二作者使用环面几何把一个关于代数曲面的结果翻译成格点多边形的语言时,他得出了一个关于格点多边形的简单的不等式. 这个不等式之前已被斯科特(Scott)发现过. 第一作者得出了第三个证明. 因此,两位作者都经历了一段对多边形上瘾的状态. 一旦你开始在方格纸上画格点多边形,并发现了它们的数值不变量之间的关系,要想停下来不是那么容易的.

就那样,作者带着自己新的不等式不可避免地卷进了这一研究:考虑到作者所发现

① 译自 American Mathematical Monthly, Vol. 116(2009). No. 2(February):151-165. 本文由冯贝叶译自美国数学月刊 February,2009.

17

的不变量,斯科特不等式可以被加强,我们的不变量就像剥葱头那样可以通过剥去多边形的皮肤来加以定义(见§3).

二、格点多边形

我们企图研究凸的格点多边形,即顶点的坐标都是整数的凸多边形(图1).然而研究这种多边形时,我们也需要同时研究非凸的多边形,甚至非简单的多边形,即自相交的多边形,其以后也将被证明是有用的.下文中,我们将使用以下缩写:

"多边形"="凸的格点多边形"

而当我们使用不整的或非简单的多边形时,我们将强调这一点.

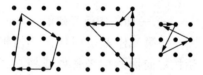

图1 多边形——凸的,格点的及非简单的

用 $a = a(P)$ 表示多边形 P 所围的面积,$b = b(P)$ 表示 P 的边界上的格点数以及用 $i = i(P)$ 表示严格位于 P 内部的格点数.一个经典的有关这些数据的结果是:

定理1(毕克公式)

$$a = i + \frac{b}{2} - 1 \qquad (1)$$

在[3]中可找到对此定理的一个彻底的讨论——包括它在林业中的应用.毕克定理不仅是多边形的三个参数 a, b 和 i 之间的一个关系式,而且由它还可以得出一个限制 $b \geq 3$ 以及立即得出两个不等式 $a \geq i + \frac{1}{2}$ 和 $a \geq \frac{b}{2} -$ 1.是否还有其他的限制?为保持悬念起见,我们不准备

18

现在显示最后的不等式. 我们推荐性急的读者去看 §4 中的结论部分, 那里有关于本文主要结果的总结.

三、格点的等价

显然面积 $a(P)$ 在平面上的刚体运动下是不变的. 另一方面, 由于数 $i(P)$ 和 $b(P)$ 在刚体运动下并不是保持不变的, 所以它们并不是欧几里得 (Euclid) 几何的概念. 但是它们在格点的等价下却是保持不变的. 格点的等价是一个在格点 Z^2 的同态限制下的平面上的仿射映射 $\Phi : R^2 \to R^2$. 所有定向的保持格点不变的等价构成一个群, 半直积 $SL_2 Z \ltimes Z^2$.

任何格点的等价 Φ 具有形式 $\Phi(x) = Ax + y$, 其中 A 是一个矩阵, 而 y 是一个向量. 格点的等价性质 $\Phi(Z^2) = Z^2$ 蕴含 A 和 y 中的元素必须都是整数, 并且对逆映射 $\Phi^{-1}(x) = A^{-1}x - A^{-1}y$ 也如此. 因此 $\det A = \pm 1$, 而 Φ 也是保 $a(P)$ 的.

在我们所有的讨论中, 我们都将认为格点等价的多边形是不可分辨的. 例如, 图 2 中左边的四边形在我们看来就像一个正方形一样. 因此, 角度和欧几里得几何中的长度在格点的等价下不是保持不变的. 在格点几何中, 代替线段长度的概念是此线段所含的格点数目再减去 1. 在此意义下, b 就是 P 的周长. 这里有一个习题可以帮助我们感觉什么事是格点的等价可以做的, 什么事又是它不能做的.

图 2　两个格点等价的四边形

练习 1　给定多边形 P 的一个顶点 x，证明存在唯一的保定向的格点的价 Φ 使得 $\Phi(x) = (0,0)'$，并且存在（必定是唯一的）互素的 $0 < p \leqslant q$ 使得线段 $[(1,0)',(0,0)']$ 和 $[(0,0)',(-p,q)']$ 都被包含在 $\Phi(P)$ 的边中.

四、为什么是代数几何

环面几何是离散几何和代数几何之间的一个强有力的联系（可看[14]）. 这一联系的核心是一个简单的对应：

$$\underset{\text{格点}}{\qquad} \qquad \underset{\text{劳伦（Laurent）单项式}}{\qquad}$$

$$P = (P_1, \cdots, P_m) \in Z^m \leftrightarrow x^p = x_1^{p_1} \cdots x_m^{p_m} \in C[x_1^{\pm 1}, \cdots, x_m^{\pm 1}]$$

这一联系是由 M. Demazure 出于另外的目的（研究克列蒙纳（Cremona）群的代数子群）在代数几何中揭示的. R. Stanley 在组合理论中使用它去对具有可能面数的简单凸多边形加以分类. R. Krasauskas 在几何建模中去构造一种具有新的控制结构的环面（图 3）.

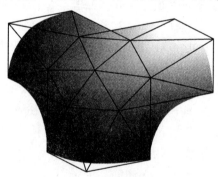

图 3　具有六边形控制结构的环面

对任何多边形 P，劳伦单项式都对应于它的如下定义：在维数为 $n = b + i - 1$ 的射影空间 P^n 中的环面 X_p 上的格点，把这些格点编号为 $P \cap Z^2 = \{p_0, \cdots, p_n\}$，那样，$X_p$ 是由劳伦单项式 $x \longmapsto (x^{p_0} : \cdots : x^{p_n})$ 所参数化

的映射像的闭包,这个参数化可以看成是 $(C^*)^2 \to P^n$ 的一个映射. 格点等价的多边形定义了相同的环面.

就像我们所期盼的那样,存在一个从环面几何到格点几何的翻译:环面的次数等于面积的两倍,而内点的个数等于曲面的通有的剖分数. 例如,设 Γ 是顶点为 $(0,0)^t$,$(1,2)^t$ 和 $(2,1)^t$ 的三角形(它有一个内点 $(1,1)^t$). 那么对应的环面由 $(1:x_1x_2^2:x_1^2x_2:x_1x_2) \in P^3$ 给出,它的次数是 3,这也可以由它的隐函数方程 $y_1y_2y_3 - y_4^3 = 0$ 得出,它的次数也是 3,而它的剖分数是 1,即如果我们用 P^3 中一个通有的双曲面去横截它,那么我们就得到一个通有的黎曼(Riemann)曲面.

在环面几何中毕克公式以黎曼 – 罗赫(Roch)定理的推论的形式出现.

五、例子

现在让我们通过几个例子先来处理多边形有可能参数化的问题. 我们是否能用 b 来给出 a 或者 i 的界?图 4 给出了 $b=3$,而 a 和 i 可以任意大的例子. 因此不存在类似于等周不等式的格点几何.

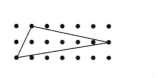

图 4　$b=3$,而 a 和 i 可以任意大的例子

关于相反方向的界又如何呢?我们是否能用 i 来给出 b 的界?问得好,图 5 中给出了一族 $i=0$ 而 b 可任意大的例子.

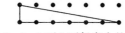

图 5　$i=0$ 而 b 可任意大的例子

也许,对 $i > 0$,不存在那种族. 但对 $i = 1$,恰有 16 种格点等价类,在图 6 中显示了这些等价类. 我们看出,所有 b 的值都出现在范围 $[3,9]$ $(9 = 2i + 7)$ 之中. 标号为 $3\triangle$ 的多边形是一个扩大了 3 倍的标准三角形,其顶点是 $[(0,0)^t, (1,0)^t, (0,1)^t]$,两个直角边是单位向量,下面它将起重要的作用.

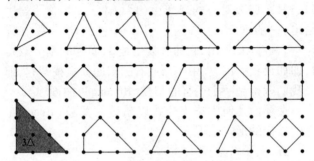

图 6　所有 $i = 1$ 的多边形

对 $i \geqslant 2$,我们可以做什么? 在图 7 中,显示了一族所有 b 的值都满足限制关系 $4 \leqslant b \leqslant 2i + 6$ 的多边形. 事实上,斯科特已证明 $2i + 6$ 是我们所能得到的最好的界了.

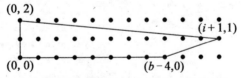

图 7　满足限制关系 $4 \leqslant b \leqslant 2i + 6$ 的多边形

斯科特的证明是初等的,并且足够短,因此允许本文将其收入. 我们还给出了另外两个证明. 其中一个使用了环面几何,这个证明仅仅看出了斯科特不等式其实就是代数几何中一个著名的不等式($[10]$ 中定理 6)应用到环面上时的一个翻译过来的版本. 第三个证

明仍然是初等的,并且正是为寻找这个证明使得第一作者上了瘾.

对不等式 $b \leqslant 2i+6$,我们有任意多个使得等号成立的例子(图7),但是在所有这些例子中,内点都是共线的. 在内点不共线的补充假设下,这个不等式可加强为 $b \leqslant i+9$. i 前面的系数可以通过引进所谓多边形的层数这一概念而进一步改善:粗略地讲,这表示一个人可以通过内点的凸包的次数.

在我们准备继续向前走之前,我们预先强调,我们大多数的考虑都已突破了平面的限制而进入了三维空间,而毕克公式在三维空间中并没有类似的结果. 然而,上面我们所提到的一些现象在高维空间中也有,例如,我们可以构造出这种四面体,它没有边界点和内点,而体积却可以任意大. 这首先是由 J. Reeve 指出的(图8). 此外,当 $i>0$ 时,体积是有界的这一现象在任意维数的空间中都成立.

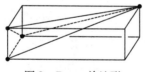

图 8　Reeve 单纯形

§2　$b \leqslant 2i+7$ 的三种证明

设 P 是有内点的格点多边形,a 是它的面积,i 是内点的数目,而 b 是边界点的数目. 从毕克公式(1)的眼光来看,以下三个不等式是等价的.

性质1　如果 $i > 0$，那么

$$b \leq 2i + 7 \tag{2}$$

$$a \leq 2i + \frac{5}{2} \tag{3}$$

$$b \leq a + \frac{9}{2} \tag{4}$$

之中的等号仅对图 6 中的三角形 3△ 成立.

一、斯科特的证明

对 P 应用格点的等价使得 P 和矩形 $[0, p'] \times [0, p]$ 紧贴（译者注：所谓紧贴是指 P 与上述矩形之间没有空隙，或者 P 的边界点都在上述矩形的四条边上，而 P 在那个矩形的内部），而 P 尽可能的小. 那样 $2 \leq p \leq p'$（注意 $i > 0$）. 如果 P 和上述矩形的上底和下底的交的长度分别是 $q \geq 0$ 和 $q' \geq 0$，那么（图 9）

$$b \leq q + q' + 2p \tag{5}$$

$$a \geq \frac{p(q + q')}{2} \tag{6}$$

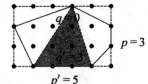

图 9　矩形中紧贴矩形的 P

我们分以下三种情况讨论：

(i) $p = 2$，或 $q + q' \geq 4$，或 $p = q + q' = 3$；

(ii) $p = 3$ 并且 $q + q' \leq 2$；

(iii) $p \geq 4$ 并且 $q + q' \leq 3$.

对前两种情况，易证不等式（5）和（6）成立.

(i) 我们有

$$2b-2a \leqslant 2(q+q'+2p)-p(q+q')$$
$$=(q+q'-4)(2-p)+8 \leqslant 9$$

这证明了性质 1 中的不等式(4)(当且仅当 $p=q+q'=3,a=\dfrac{9}{2}$ 以及 $b=9$ 时等号成立)[①].

(ii)估计式 $b \leqslant q+q'+2p \leqslant 8$ 再加上 $i \geqslant 1$ 就证明了性质 1 中的不等式(2)确实是满足的.

(iii)这是唯一一种需要我们稍微费点事的情况. 在 P 中选择点 $x=(x_1,p)',x'=(x'_1,0)',y=(0,y_2)'$ 以及 $y'=(p',y_2)'$,使得 $\delta=|x_1-x'_1|$ 尽可能的小. 那么 $a \geqslant p(p'-\delta)/2$(图 10).

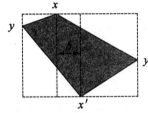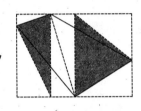

图 10　情况(iii)两个总面积为 $a \geqslant p(p'-\delta)/2$ 的三角形

现在验证工作就是应用等价性使得 δ 变小.

练习 2　应用形如 $\begin{pmatrix} 1 & k \\ 0 & 1 \end{pmatrix}$ 的格点的等价可以使得 $\delta \leqslant (p-q-q')/2$.

这个格点的等价将使得 q,q' 和 p 不变,由于它使得 x_1 轴不动. 我们仍将有 $p \leqslant p'$,由于已经假设 p 是最小的. 那样,我们就得出

---

① 作为一个习题,证明在这些参数下,P 就是图 6 中的三角形 $3\triangle$.

$$a \geqslant p(p + q + q')/4 \tag{7}$$

以及

$$4(b - a) \leqslant 8p + 4q + 4q' - p(p + q + q')$$
$$= p(8 - p) - (p - 4)(q + q')$$
$$\leqslant p(8 - p) \leqslant 16$$

由于在情况（iii）中 $p \geqslant 4$，这就证明了性质 1 中的不等式（4）确实是满足的.

二、修剪顶点

这个证明是对 i 做归纳法. 如果 $i = 1$，我们可以只对 P 的 16 种格点等价类验证不等式.

为了使用归纳法，我们想"砍掉顶点". 如果 $i \geqslant 2$ 且 $b \leqslant 10$，那么我们没什么证明可做，因此可假设 $b \geqslant 11$. 应用格点的等价，不失一般性，我们可假设 $\mathbf{0}$ 和 $(1, 0)^t$ 位于 P 的内部. 如果有必要，对 x_1 轴做反射以保证至少有 5 个边界点有正的第二个坐标.

首先，设存在一个带有正的第二个坐标但其模不是单位的顶点 v. 即，由 v 和与它相邻的两边界点 v' 和 v'' 形成的三角形的面积大于 $\frac{1}{2}$. 设 P' 是凸包 $\mathrm{conv}(P \cap Z^2 \setminus v)$. 砍掉点 v 使我们的参数变化为 $b' = b + k - 2, i' = i - k + 1$. 因此，由毕克公式得出 $a' = a - \frac{k}{2}$，其中 k 是从点 v 可看见的 P' 的边界的长度. 由于 v 的模不是 1（图 11），因此在三角形 $vv'v''$ 中存在一个另外的格点. 那样，我们有 $k \geqslant 2$. 由于存在其他的具有正的第二个坐标的格点，且 $\mathbf{0}$ 或 $(1, 0)^t$ 留在 P' 之内，因而现在我们可以使用归纳法假设.

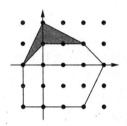

图 11 砍掉一个模不是 1 的顶点

现在,如果所有具有正的第二个坐标的格点的模都是 1,我们可类似地砍掉一个顶点以及与它相邻的两个边界点 v' 和 v''(图 12),conv $P' = \mathrm{conv}(P \cap Z^2 \backslash v, v', v'')$,那样点 $v''' = v' + v'' - v$ 属于 P 的内部,而与 P' 相邻的两条线段从所去掉的点处看都是可见的. 因而,参数变化为 $b' = b + k - 4$,$i' = i - k + 1$ 以及 $a' = a - \dfrac{k}{2} - 1$,其中 $k \geqslant 2$ 是从所去掉的点处可看见的 P' 边界的长度. 就像上面已看出的那样,在 P' 内存在具有正的第二个坐标的格点,因此 **0** 或 $(1,0)'$ 位于 P' 的内部.

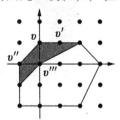

图 12 砍掉一个模是 1 的顶点(及它的邻居)

三、代数几何

我们用字母 d 和 p 分别表示代数曲面的次数和剖分数. 对任意代数曲面成立不等式 $p \leqslant (d-1)(d-2)/2$. 如果曲面是有理的,即它可被有理函数参数化,那么存在更多的不等式.

27

定理2 （1）如果 $p=1$，那么 $d \leqslant 9$；

（2）如果 $p \geqslant 2$，那么 $d \leqslant 4p+4$.

$p=1$ 时的有理曲面称为 Del Pezzo 曲面，次数的界 9 是由 Del Pezzo 证明的，而界 $d \leqslant 4p+4$ 是由 Jung 证明的. 因此，这个证明方法实际上是老的. 一个现代的证明方法可见 Schicho.

环面是有理的，并且对环面来说，斯科特不等式和定理 2 是等价的.

§3 洋葱皮

在平面上取一个固体的多边形 P 放在你的手中，并且将它的外壳剥去，你将得到另一个凸多边形 $P^{(1)}$，它就是原来多边形内点的凸包. 当然，除了 $i=0$ 这种使得 P 有一个"空的核"的情况外，如果内点是共线的，那么 $P^{(1)}$ 就是一个"退化的多边形"，即一条直线段或单个的点.

尽可能长地重复这一过程，一个又一个地剥掉多

28

边形的外壳(图 13), $P^{(k+1)} = (P^{(k)})^{(1)}$, 经过 n 步后, 你就到达了一个核心, 它或者是一个退化的多边形, 或者是一个空的核. 我们定义层数 $l = l(P)$ 如下:

(1)如果核心是退化多边形, 那么 $l(P) = n$;

(2)如果核心是 $\triangle$, 那么 $l(P) = n + \dfrac{1}{3}$;

(3)如果核心是 $2\triangle$, 那么 $l(P) = n + \dfrac{2}{3}$;

(4)如果核心是任意其他的空集, 那么 $l(P) = n + \dfrac{1}{2}$.

这里 $\triangle$ 表示一个(格点等价于)标准三角形 $\text{conv}\big[(0, 0)', (1,0)', (0,1)'\big]$ 的多边形. 这个古怪定义的目的是为了叙述下面练习中的两个命题.

练习 3　证明以下两式唯一地定义了 l:

(1) $l(P) = l(P^{(1)}) + 1$, 如果 $P^{(1)}$ 是二维的;

(2) $l(kP) = kl(P)$, 其中 k 是正整数.

图 13　具有层数 $3, 2, \dfrac{5}{2}, \dfrac{7}{3}$ 和 $\dfrac{8}{3}$ 的多边形

多边形的层数类似于欧氏几何中内接圆的半径. 那时, 我们有 $2a = lb$. 在格点几何中, 我们有一个不等式.

一、洋葱皮定理

设 P 是一个凸的格点多边形, 其面积为 a, 层数为 $l \geqslant 1$, 而 b 和 i 分别是边界点和内点的数目. 那么 $(2l-1)b \leqslant 2i + 9l^2 - 2$ 或等价于 $2lb \leqslant 2a + 9l^2$ 或等价于 $(4l-2)a \leqslant 9l^2 + 4l(i-1)$, 当且仅当 P 是 $\triangle$ 的倍数

时等号成立.

对 $l>1$, 这些不等式确实加强了起初的不等式 $b\leqslant 2i+7$. 我们给出两个初等的证明. 一个类似于斯科特的证明, 另一个稍微长一点, 然而它对剥葱皮的过程给出了更深刻的看法. 例如, 它说明了所有使得 $P^{(1)}=Q$ 的多边形 P 的集合或者是空集, 或者有一个最大元. 这里 Q 是某一个固定的多边形.

二、把边去掉

使用这一技巧, 实际上可以加强上节的界, 例如:

(1) 如果 $P^{(l)}$ 是一个点, 但是 $P^{(l-1)}\neq 3\triangle$, 那么 $(2l-1)b\leqslant 2i+8l^2-2$;

(2) 如果 $P^{(l)}$ 是一条线段, 那么 $(2l-1)b\leqslant 2i+8l^2-2$.

我们把证明归结为 P 是从 $P^{(1)}$ "去掉一条边" 而得到的情况. 在下面三个引理中, 我们都将这样做. 最后, 引理 4 将得出证明洋葱皮定理所需的归纳步骤.

我们说对互素的 a_1,a_2, 不等式 $\langle a,x\rangle=a_1x_1+a_2x_2\leqslant b$ 定义了一个多边形 Q 的边, 如果这个不等式对所有的 $x\in Q$ 都满足, 那么去掉一条边意味着把不等式 $\langle a,x\rangle\leqslant b$ 放松为 $\langle a,x\rangle\leqslant b+1$.

引理 1 设不等式 $\langle a,x\rangle\leqslant b$ 定义了 $P^{(1)}$ 的一条边, 那么对 P 成立 $\langle a,x\rangle\leqslant b+1$.

这表示如果我们去掉 $Q=P^{(1)}$ 的所有的边, 我们就得出包含 P 的集 $Q^{(-1)}$ (图 14).

证 我们可以用格点的等价把情况归结为有一条边由 $x_2\leqslant 0$ 定义, 而 $(0,0)^t$ 和 $(1,0)^t$ 是 $P^{(1)}$ 位于这条边两端格点的情况. 设 P 有一个使得 $v_2>1$ 的顶点 v, 那么由这三个点构成的三角形的面积 $v_2/2\geqslant 1$. 因此,

必有另一个格点位于 P 的内部,并且其第二个坐标是正的.

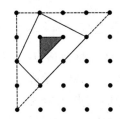

图 14　如果 $Q = P^{(1)}$,那么 $P \subset Q^{(-1)}$

对任意的 Q, $Q^{(-1)}$ 不一定有整数格点(图 15).但是那就说明,对某个 P 来说,并不是每个多边形都可成为 $P^{(1)}$ 的,一个必要条件是那种多边形要有好的角(图 16).

引理 2　如果 $P^{(1)}$ 是二维的,那么对 $P^{(1)}$ 的每个顶点 v,由 $P^{(1)}\text{-}v$ 生成的锥格点等价于由 $(1,0)^t$ 和 $(-1,k)^t$ 生成的锥,其中 $k \geqslant 1$ 是某个整数.

图 15　$Q^{(-1)}$ 可能是非整数格点的

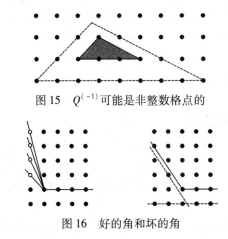

图 16　好的角和坏的角

证　假设经过格点的等价后, $v = 0$,并且问题中的

锥由 $(1,0)^t$ 和 $(-p,q)^t$ 生成,其中 $0 < p \leqslant q$ 互素(见练习1). 由引理1知,P 所有的点满足 $x_2 \geqslant -1$ 和

$qx_1 + px_2 \geqslant -1$,但是这蕴含 $x_1 + x_2 \geqslant -1 + \dfrac{p-1}{q}$. 因此如果 $p > 1$,那么 P 就是整数格点的,因而对所有 P 的点有 $x_1 + x_2 \geqslant 0$,这与 $0 \in P^{(1)}$ 矛盾.

对一个多边形的顶点 v,定义一个移位顶点 $v^{(-1)}$ 如下:设 $(a,x) \leqslant b$ 和 $(a',x) \leqslant b'$ 是两条在点 v 处相交的边,那么我们用 $v^{(-1)}$ 表示 $(a,x) = b+1$ 和 $(a',x) = b'+1$ 唯一的解. 根据引理2知,当我们处理 $P^{(1)}$ 时,$v^{(-1)}$ 必须是一个格点(在引理中,它就是 $(0,-1)^t$). 这样,我们就得到了对某个 $P,Q = P^{(1)}$ 的特征.

引理 3 对多边形 Q,以下两件事等价:

(1)对某个 $P,Q = P^{(1)}$;

(2)$Q^{(-1)}$ 有整数顶点.

那样,对给定的 Q,使得 $P^{(1)} = Q$ 的最大的 P 就是 $P = Q^{(-1)}$. 在我们用归纳法证明洋葱皮定理,并从 l 转到 $l+1$ 时,我们将(并且可以)把问题限于这种情况.

证 如果 $Q^{(-1)}$ 有整数顶点,那么它的内部格点将生成 Q,反过来,如果 $Q = P^{(1)}$,那么我们断言

$$Q^{(-1)} = \mathrm{conv}\{v^{(-1)} : v \text{ 是 } Q \text{ 的顶点}\} \qquad (8)$$

(注意,根据引理2,$v^{(-1)}$ 是一个格点).

"⊂":这个包含关系对任意 Q 成立. 设 $\boldsymbol{a}_1, \cdots, \boldsymbol{a}_n$ 是法向量,而 $\boldsymbol{b}_1, \cdots, \boldsymbol{b}_n$ 是 Q 的边的右边的向量. 又设 $v_1, \cdots, v_n$ 是 Q 的顶点,因此第 k 边是线段 $[v_k, v_{k+1}]$ ($k \bmod n$).

对点 $y \in Q^{(-1)}$,设 $\langle a_k, x \rangle \leqslant b_k$ 是 Q 的使得 $\langle a, y \rangle - b$ 最大的边,因此如果 $\langle a_k, y \rangle - b_k \leqslant 0$,那么 $y \in Q$. 否则就

有：

（1）$b_k \leqslant \langle a_k, y \rangle \leqslant b_k + 1$；

（2）$\langle a_k, y \rangle - b_k \geqslant \langle a_{k-1}, y \rangle - b_{k-1}$；

（3）$\langle a_k, y \rangle - b_k \geqslant \langle a_{k+1}, y \rangle - b_{k+1}$.

这些不等式刻画了 $\{v_k, v_k^{(-1)}, v_{k+1}, v_{k+1}^{(-1)}\}$ 的凸包（的一个子集）.

"⊃"：对此包含关系，我们精确地使用 $Q = P^{(-1)}$. 图 17 显示了在一般情况下，等式（8）可以怎样失效.

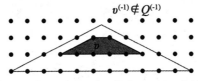
$v^{(-1)} \notin Q^{(-1)}$

图 17　在一般情况下，等式（8）可以失效

在我们的情况中 $Q = P^{(-1)}$，因此我们需要证明对 $Q^{(-1)}$ 来说，$v_k^{(-1)}$ 满足所有的不等式 $\langle a_j, w_j \rangle \leqslant b_j + 1$. 我们的假设蕴含 P（并且根据引理 1 知，$Q^{(-1)}$ 也如此）包含使得 $\langle a_j, w_j \rangle = b_j + 1$ 的点 w_j，没有其他边的法向量属于由 a_{k-1} 和 a_k 生成的锥. 因此对 $j \neq k, k-1$，或者 $\langle a_j, v_k^{(-1)} \rangle \leqslant \langle a_j, w_{k-1} \rangle \leqslant b_m + 1$，或者 $\langle a_j, v_k^{(-1)} \rangle \leqslant \langle a_j, w_k \rangle \leqslant b_m + 1$（或者以上两式都成立）.

最后，我们就可以证明对我们的归纳步骤来说是关键性的引理.

引理 4　设 $b^{(1)}$ 是 $P^{(1)}$ 边界点的数目，那么 $b \leqslant b^{(1)} + 9$，当且仅当 P 是 △ 的倍数时等号成立.

当 $P^{(1)}$ 是二维时，由此引理立即得出 $b \leqslant b^{(1)} + 9 \leqslant i + 9$.

为证此引理，我们需要 B. Poonen 和 F. Rodriguez-Villegas 的结果. 考虑一个从 x 到 y 的不包含其他格点

的线段 s, 称 s 是可行的, 如果凸包 $\mathrm{conv}(0, x, y)$ 不包含其他的格点. 与此等价地, s 是可行的, 如果行列式 $\begin{vmatrix} x_1 & y_1 \\ x_2 & y_2 \end{vmatrix}$ 的符号 $\mathrm{sgn}(s)$ 等于 ± 1. 可行线段的叙列 $(s^{(1)}, \cdots, s^{(n)})$ 的长度是 $\sum \mathrm{sgn}(s^{(k)})$.

可行线段的对偶是唯一的使得 $\langle a, x \rangle = \langle a, y \rangle = 1$ 成立的整法向量 $a = a(s)$. 一个闭的多边形是可行的, 如果它能被细分成可行线段 $(s^{(1)}, \cdots, s^{(n)})$. 对偶多边形定义为联结本身是一条边的顶点或格点的法向量 $a = a(s^{(k)})$ 的多边形(图18).

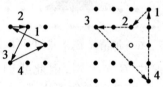

图 18　一个多边形和它的对偶多边形, 其长度分别是 $1 - 1 +$ $1 + 1$ 和 $1 + 2 + 3 + 4$(中间的白圈表示原点)

定理 3(Poonen 和 Rodriguez-Villegas)　可行多边形的对偶多边形仍是可行的. 可行多边形及其对偶多边形的长度之和是多边形扭转数(winding number, 译者注, 也有译作缠绕数的)的 12 倍.

直观上, 扭转数计数了多边形围绕原来的位置扭转了多少次(图19). 对偶多边形和原来的多边形有相同的扭转数. 本文中, 我们只关注扭转数为 1 的多边形.

图 19　一个扭转数为 -2 的多边形

引理 4 的证明 设 $Q = P^{(1)}$，由引理 1，我们有 $P \subset Q^{(-1)}$ 以及由引理 3 知，$Q^{(-1)}$ 有整数顶点. 还要注意，Q 的边界点数是 $b^{(1)}$，而 b' 是 $Q^{(-1)}$ 的边界点数. 由于 P 和 $Q^{(-1)}$ 的内点数相同以及有 $P \subset Q^{(-1)}$，因此由毕克定理可知 $Q^{(-1)}$ 的边界点数至少和 P 的边界点数相等，换句话说 $b' \geqslant b$.

对 Q 的每个顶点 $v_i^{(1)}$，$i = 1, \cdots, n$，有 $Q^{(-1)}$ 的一个对应的顶点 v_i. 考虑以 $v_1 - v_1^{(1)}, \cdots, v_n - v_n^{(1)}$ 为顶点的可行多边形（可能不是凸的，也不是简单的）. 由于在 Q 和 $Q^{(-1)}$ 之间没有格点，因此它是可行的. 读者可设想一下，当 Q 收缩成一个点时，$Q^{(-1)}$ 还剩下什么. 这个多边形的每条边都度量了 $Q^{(-1)}$ 和 Q 的对应边（带有正确的符号）之间的差别. 即，这个多边形的长度恰等于 $b' - b^{(1)}$（图 20）.

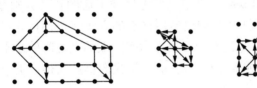

图 20 一个从 $(P, P^{(1)})$ 得出的可行多边形及其对偶多边形

现在，对偶多边形将走过 Q 的法向量. 因此所有线段的长度都是正的，且不可能小于 3. 只有唯一的一种线段的长度是 3，那就是 $3\triangle$ 的对偶多边形. 那样 $b - b(1) \leqslant b' - b^{(1)} \leqslant 12 - 3$，等号仅对 $\triangle$ 的倍数成立.

洋葱皮定理的证明：对 l 做归纳.

（1）对 $l = 1$，不等式 $b \leqslant 2i + 7$ 前面已经证明过；

（2）对 $l = \dfrac{4}{3}$，我们有 $i = 3$ 以及 $P \subset 4\triangle$，因此 $b \leqslant 12$；

（3）对 $l=\dfrac{5}{3}$，我们有 $i=6$ 以及 $P\subset 5\triangle$，因此 $b\leqslant 15$；

（4）对 $l=\dfrac{3}{2}$，引理 4 成为 $b\leqslant i+8$，它比我们所需的结果更强.

如果 $l\geqslant 2$，我们有

$$
\begin{aligned}
(2l-1)b &\leqslant (2l-1)b^{(1)}+9(2l-1)\\
&=2b^{(1)}+(2(l-1)-1)b^{(1)}+9(2l-1)\\
&\leqslant 2b^{(1)}+2i^{(1)}+9(l-1)^2-2+9(2l-1)\\
&=2i+9l^2-2
\end{aligned}
$$

三、推广的斯科特的证明

这就是我们上面提到过的洋葱皮定理的第二个证明. 就像在 §2 中那样，使得 P 和矩形 $[0,p']\times[0,p]$ 紧贴，且 $p\leqslant p'$. 设矩形的上底和下底的长度分别是 q 和 q'（图 9）. 我们仍然用格点的等价变换使得 p 尽可能的小，并且 P 的在顶边和底边上的点之间的水平距离小于或等于 $(p-q-q')/2$. 我们仍然获得以下不等式

$$b\leqslant q+q'+2p \tag{9}$$

$$a\geqslant \frac{p(q+q')}{2} \tag{10}$$

$$a\geqslant p(p+q+q')/4 \tag{11}$$

设 $x=p/l$ 和 $y=(q+q')/l$，那么 $x\geqslant 2$，由于当过渡到 $P^{(1)}$ 时，高度将至少减少 2.[①] 从不等式（9）、（10）我们得出

---

① 当 $x\leqslant 3$ 时，等号仅对 $\triangle$ 的倍数成立.

$$\frac{2bl - 2a - 9l^2}{l^2} \leqslant \frac{2(q + q' + 2p)}{l} - \frac{p(q + q')}{l^2} - 9$$

$$= -xy + 4x + 2y - 9$$

从不等式 (9)、(11) 我们得出

$$\frac{4lb - 4a - 18l^2}{l^2} \leqslant \frac{4(q + q' + 2p)}{l^2} - \frac{p(p + q + q')}{l^2} - 18$$

$$= -x^2 - xy + 8x + 4y - 18$$

对 $x \geqslant 2$ 和 $y \geqslant 0$，就像在图 21 中所示的那样，多项式 $p_1(x, y) = -xy + 4x + 2y - 9$ 和 $p_2(x, y) = -x^2 - xy + 8x + 4y - 18$ 中至少有一个是 0 或负的（阴影部分分别是 p_1 和 p_2 取非负值的区域）。仅有一个点即 $(x, y) = (3, 3)$，可以使两个上界同时达到 0，而这是洋葱皮定理中唯一可使等号成立的地方。等号仅对 $\triangle$ 的倍数成立，我们将此留作习题。

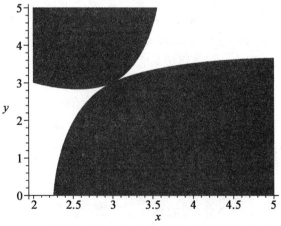

图 21　至少一个多项式要小于等于 0

§4 总 结

一、结果的总结

对三元数组 (a,b,i)，以下命题等价：

(1)存在一个凸的格点多边形 P 使得 $(a,b,i) = (a(P),b(P),i(P))$；

(2) $b \in Z_{\geqslant 3}, i \in Z_{\geqslant 0}, a = i + \dfrac{b}{2} - 1$，并且 $i = 0$，或 $i = 1$ 并且 $b \leqslant 9$，或者 $i \geqslant 2$ 并且 $b \leqslant 2i + 6$.

此外，如果 $l = l(P)$，那么 $(2l-1)b \leqslant 2i + 9l^2 - 2$.

二、讨论

洋葱皮定理是否有代数几何的证明？目前还没有. 在多边形和代数之间的环面字典中也还没有多边形层次的代数几何术语. 在此方向的第一步是剥洋葱皮的过程——或宁可说是它的代数几何的类似物——对代数曲面的有理参数化的简化.

在任何情况下，洋葱皮定理都给出代数几何的一个猜测，即对任意次数为 d，剖分数为 p 以及层数为 l 的有理代数曲面使 $(2l-1)d \leqslant 9l^2 + 4l(p-1)$ 成立. 其中代数曲面的层数将通过上面说过的剥皮过程加以定义. 这个不等式对洋葱皮定理是成立的，然而对于不是环面的有理曲面，我们确实还不知道任何证明（但也不知道任何反例）.

参考文献

[1]DEL PEZZO P. On the surfaces of order n embedded

in n-dimensional space [J]. Rend. mat. Palermo,
1887,1:241-271.

[2] DEMAZURE M. Sous-groupes algébriques de rang
maximum du group de Cremona [C]//Ann. Sci.
Ecole Norm. Sup. Société mathématique de France,
1970,3(4):507-588.

[3] GRiiNBAUM B, SHEPHARD G C. Pick's theorem
[J]. Amer. Math. Monthly,1993,100:150-161.

[4]JUNG G. Un'osservazione sul grado Massimo dei sis-
temi lineari di curve piane algebriche[J]. Annali di
mat. Pura ed Applicata,1890,18(1):129-130.

[5] KRASAUSKAS R. Toric surface patches [J]. Ad-
vances in Computational Mathematics,2002,17 (1-
2):89-113.

[6]LAGARIAS J C,ZIEGLER G M. Bounds for Lattice
polytopes containing a fixed number of interior points
in a sublattice[J]. Canad. J. Math. ,1991,43:1022-
1035.

[7]PICK G A. Geometrisches zur Zahlenlehre[J]. Sizen-
ber. Lotos(Prague) ,1899,19:311-319.

[8]POONEN B,RODRIGUEZ-VILLEGAS F. Lattice Pol-
ygons and the number 12[J]. American Mathematical
Monthly,2000,107(3):238-250.

[9]REEVE J E. On the volume of lattice polyhedra[J].
Proc. London Math. Soc. ,1957,3(1):378-395.

[10]SCHICHO J. A degree bound for the parameteriza-
tions of a rational surface[J]. J. Pure Appl. Alg. ,
2000,145(1):91-105.

[11]SCHICHO J. Simplification of surface parameteriza-
tion—a lattice polygon approach [J]. J. Symb.
Comp. ,2003 ,36(3) :535-554.

[12]SCOTT P R. On convex lattice polygons[J]. Bull.
Austral. Math. Soc. ,1976 ,15(03) :395-399.

[13]STANLEY R P. The number of faces of a simplicial
convex polytopes[J]. Adv. in Math. ,1980 ,35(3) :
236-238.

[14]STURMFELS B. Polynomial Equations and Convex
Polytopes [J]. American mathematical monthly,
1998 ,105(10) :907-922.

闵嗣鹤论

1. 格点多边形的面积公式

一个多边形的顶点如果全是格点,这个多边形就叫作格点多边形. 由于格点多边形是比较特殊的多边形,它和格点有更密切的关系,因此,我们提出这样的问题:对于格点多边形,能否建立格点数目和面积之间的精密公式? 这个问题如果能够得到肯定的回答,那对于用方格法求面积也是有帮助的. 如图1,我们作了两个格点多边形:一个包含着所求面积,另一个被含在所求面积的内部. 显然,所求面积 A 一定在这两个格点多边形的面积 A_1 和 A_2 之间,即

$$A_1 \leqslant A \leqslant A_2$$

从上式各减去 A_1 和 A_2 的平均值,就得到

$$A_1 - \frac{A_1 + A_2}{2} \leqslant A - \frac{A_1 + A_2}{2} \leqslant A_2 - \frac{A_1 + A_2}{2}$$

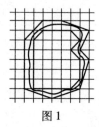

图 1

即
$$-\frac{A_2-A_1}{2}\leqslant A-\frac{A_1+A_2}{2}\leqslant\frac{A_2-A_1}{2}$$

或
$$\left|A-\frac{A_1+A_2}{2}\right|\leqslant\frac{A_2-A_1}{2}$$

这说明:如果我们用所作两个格点多边形面积的平均值作为所求面积的近似值,误差顶多是两个格点多边形面积差的一半.这种求面积近似值的方法可以看成是方格法和三角法的结合.

在一般的数学书里面,只介绍公式的证明而不介绍怎样寻求公式.这里,为了引起读者钻研问题的兴趣,我们要借助这一个简单的例子——寻求联系格点多边形的面积和格点数的精确关系——说明怎样通过特殊的情形归纳出一般的公式.

为简单起见,我们假定每个小方格的边长 $d=1$.首先,我们选择面积和格点数都容易计算的格点多边形作为具体例子,加以讨论.例如,边长是 1 或 2 的格点正方形(图 2 中的 $OABC$ 和 $OPQR$),两腰是 1 的格点三角形(图 2 中的 OAB),一腰是 1,一腰是 2 的直角三角形(图 2 中的 OPC),边长是 2 和 4 的格点矩形(图 2 中的 $OLMR$).我们把它们的面积 A,内部格点数 N 和边上格点数 L,列成一表,如表 1 所示.

表 1

图形	A	N	L	$A-N$	$\dfrac{L}{2}$
$OABC$	1	0	4	1	2
$OPQR$	4	1	8	3	4
OAB	$\dfrac{1}{2}$	0	3	$\dfrac{1}{2}$	$\dfrac{3}{2}$
OPC	1	0	4	1	2
$OLMR$	8	3	12	5	6

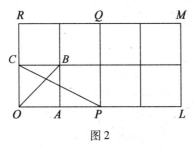

图 2

看过表 1 的前四列,我们可能感到很失望,A,N,L 之间几乎看不出什么联系来. 不过我们在前面已经看到,当 A 很大时,A 和 N 的差是(相对地说)很小的. 因此,我们在表上添了一列,包含 $A-N$ 的值. 这列数字是随着 L 的增大而增大的. 如果用 2 去除 L,列到最后一列,我们立刻得到下面有趣的关系

$$A-N=\frac{L}{2}-1$$

即

$$A=N+\frac{L}{2}-1 \qquad (1)$$

这就是说,如果我们把边上的每一个格点作为半个来计算,那么,格点数 $N+\dfrac{L}{2}$ 和面积 A 的差就恰好是 1.

公式(1)是我们从五个特例归纳出来的,它到底是正确的,还是一种巧合呢? 要彻底解决这个问题,当然还要通过严格的证明. 不过,目前我们还应该抱怀疑的态度,再检验一下,理由是我们的五个特例既简单又特殊. 为了容易列表,我们的确应该先选择简单而易于验算的特例,但在归纳出公式以后,就需要找一个更复杂更有代表性的例子,再来验证一下公式的正确性. 例如,我们选择图3的四边形 $ABCD$,不难看出,对于这个四边形,我们有

$$A = 15, N = 12, L = 8$$

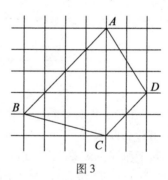

图3

而
$$15 = 12 + \frac{8}{2} - 1$$

这个附加的特例,使我们对于公式(1)的正确性,得到更大的保证,因此,我们应该进一步考虑怎样去证明这个公式了.

像寻求公式(1)的时候那样,我们在思索一个公式的证明时,也可以先从比较简单的特殊情形想起. 现在我们就先考虑两边平行于坐标轴的格点矩形 $ABCD$,如图4所示. 我们假定这个矩形的长和宽分别是 m 和 n. 容易从图4中看出,这时,面积 A,内部格点数 N 和

边上格点数 L 分别是

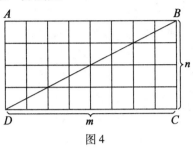

图 4

$$A = mn$$
$$N = (m-1)(n-1) \qquad (2)$$
$$L = 2(m+1) + 2(n-1) = 2(m+n)$$

(最后一式中,$2(m+1)$ 是上下两边的格点数,$2(n-1)$ 是左右两边除去顶点以外的格点数)因此

$$N + \frac{L}{2} - 1 = (m-1)(n-1) + (m+n) - 1$$

$$= mn = A$$

这表明公式(1)对于矩形是成立的.

有了矩形作基础,我们就不难讨论两腰分别和两坐标轴平行的格点直角三角形,例如,图 4 中的 $\triangle BCD$ 或 $\triangle ABD$. 由图形的对称性,容易看出 $\triangle BCD$ 和 $\triangle ABD$ 的面积、内部格点数和边上格点数都是分别相等的(事实上,如果把矩形 $ABCD$ 绕它的中心(即对角线的交点)旋转 $180°$,那么 $\triangle ABD$ 就和 $\triangle CDB$ 重合,而且格点也都一一重合起来了). 如果用 L_1 表示 BD 线段内部的格点数(即不包含端点的格点数),那么,除去这 L_1 个格点以后,矩形内部的格点就平均分配在 $\triangle BCD$ 和 $\triangle ABD$ 的内部. 又前面已经算出,矩形内部的格点数是 $(m-1)(n-1)$,所以这两个三角形内部都有

$$N = \frac{(m-1)(n-1) - L_1}{2}$$

个格点. 又容易看出, 这两个三角形边上的格点数都是

$$L = m + 1 + n + L_1$$

而面积显然都是

$$A = \frac{mn}{2}$$

因此

$$N + \frac{L}{2} = \frac{(m-1)(n-1) - L_1}{2} + \frac{m+n+1+L_1}{2}$$

$$= \frac{mn}{2} + 1 = A + 1$$

这表明公式(1)对于两腰平行于坐标轴的格点直角三角形是正确的.

现在我们进一步讨论一般的格点三角形.

$\triangle ABC$ 是一个格点三角形, 如图 5 所示, 方格纸上通过三顶点的直线围成一个矩形 $ALMN$. 三角形 ALB, BMC, CNA 都是直角三角形, 因此都满足公式(1). 现把图中四个三角形的面积、内部格点数和边上格点数分别用不同的记号表示出来, 列成表 2:

表 2

三角形	面积	内部格点数	边上格点数
$\triangle ABC$	A	N	L
$\triangle ALB$	A_1	N_1	L_1
$\triangle BMC$	A_2	N_2	L_2
$\triangle CNA$	A_3	N_3	L_3

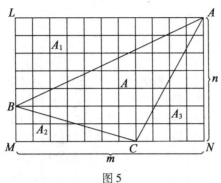

图 5

利用前面所得到的关于矩形面积和格点的公式（2），容易由图 5 看出

$$A + A_1 + A_2 + A_3 = mn$$
$$N + N_1 + N_2 + N_3 + L - 3 = (m-1)(n-1) \quad (3)$$
$$L + L_1 + L_2 + L_3 - 2L = 2(m+n)$$

对于最后一行，还需要解释一下. 显然 $\triangle ABC$ 边上每一个格点也是相邻三角形边上的一个格点，因此，每一个这样的格点恰好在 $L_1 + L_2 + L_3$ 中计算了一次，又 A，B，C 三点，都在 $L_1 + L_2 + L_3$ 中计算了两次，所以 $L + L_1 + L_2 + L_3 - 2L = L_1 + L_2 + L_3 - L$ 实际上就是矩形边界上的格点数，因此，它等于 $2(m+n)$.

顺次用 1，-1，$-\dfrac{1}{2}$ 乘公式（3）中的三个式子，然后相加，就得到

$$A - \left(N + \frac{1}{2}L\right) + \left[A_1 - \left(N_1 + \frac{1}{2}L_1\right)\right] +$$
$$\left[A_2 - \left(N_2 + \frac{1}{2}L_2\right)\right] + \left[A_3 - \left(N_3 + \frac{1}{2}L_3\right)\right] + 3$$
$$= -1$$

但是，我们已经知道公式（1）对于直角三角形是成立的，因此，上式中有方括号的各项都等于 -1. 所以由上

47

式得

$$A - \left(N + \frac{1}{2}L\right) = -1$$

这表明对于格点三角形,公式(1)是正确的.

最后,讨论一般的格点多边形 $A_1 A_2 \cdots A_n$,如图6所示.我们可以用数学归纳法.当 $n = 3$ 时,公式已经证明.现假定公式对于 $n - 1$ 边形成立,要证明公式对于 n 边形也成立.联结 $A_{n-1} A_1$,我们就把这个 n 边形分成一个格点三角形和一个 $n - 1$ 边格点多边形.用

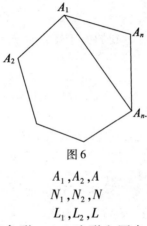

图6

$$A_1, A_2, A$$
$$N_1, N_2, N$$
$$L_1, L_2, L$$

分别表示这三角形、$n - 1$ 边形和原来的 n 边形的面积、内部格点数和边上格点数,我们就得到

$$A = A_1 + A_2$$
$$N = N_1 + N_2 + L_0 - 2$$
$$L = L_1 + L_2 - 2L_0 + 2$$

其中 L_0 表示 $A_1 A_{n-1}$ 上的格点数(包含 A_1, A_{n-1} 两点).因此,根据归纳法的假设

$$N + \frac{L}{2} = \left(N_1 + \frac{L_1}{2}\right) + \left(N_2 + \frac{L_2}{2}\right) - 1$$
$$= A_1 + 1 + A_2 + 1 - 1 = A + 1$$

这就证明了公式(1)对于 n 边形也成立.

空间格点三角形的面积

附录 II

在平面直角坐标系中,一个格点三角形如果形内(内部及边上)没有其他格点,那么它的面积一定是 $\frac{1}{2}$. 这是熟知的结论. 可见[1],[2].

在三维空间的直角坐标系中,一个格点三角形如果形内没有其他格点,它的面积可以取哪些值呢?

显然这个值不一定是 $\frac{1}{2}$. 例如,在单位立方体 $OABC\text{-}DEFG$ 中,取 $O(0,0,0)$, $A(1,0,0)$, $C(0,1,0)$, $\triangle OAC$ 的面积是 $\frac{1}{2}$;取 $O,B(1,1,0),D(0,0,1),\triangle OBD$ 的面积是 $\frac{\sqrt{2}}{2}$;取 $O,E(1,0,1),G(0,1,1)$,

$\triangle OEG$ 的面积是 $\frac{\sqrt{3}}{2}$.

本文的结论是:如果空间格点三角形内没有其他格点,那么它的面积是 $\frac{\sqrt{n}}{2}$. 正整数 n 可取一切除以 4 余 1,2 或者除以 8 余 3 的数.

这一结论将在以下证明.

可设格点三角形为 $\triangle OAB$,$O(0,0,0)$,$A(a_1,a_2,a_3)$,$B(b_1,b_2,b_3)$. 它的面积是

$$\frac{1}{2}|\overrightarrow{OA} \times \overrightarrow{OB}|$$

$$= \frac{1}{2}\sqrt{(a_1b_2 - b_1a_2)^2 + (a_2b_3 - b_2a_3)^2 + (a_3b_1 - b_3a_1)^2}$$

$$= \frac{\sqrt{n}}{2}$$

其中 $n = (a_1b_2 - b_1a_2)^2 + (a_2b_3 - b_2a_3)^2 + (a_3b_1 - b_3a_1)^2$ 是三个平方数的和. 因此 $n \not\equiv 7 (\bmod 8)$.

如果 n 被 4 整除,那么由于平方数除以 4 余 0 或 1,所以 $a_1b_2 - b_1a_2$,$a_2b_3 - b_2a_3$,$a_3b_1 - b_3a_1$ 都是偶数.

a_1,a_2,a_3,b_1,b_2,b_3 都是奇数时,AB 的中点 $M\left(\frac{a_1+b_1}{2}, \frac{a_2+b_2}{2}, \frac{a_3+b_3}{2}\right)$ 是格点. 因此,设 a_1 为偶数,又设 a_3 为奇数(a_2,a_3 都是偶数时,OA 的中点是格点). 这时,b_1 是偶数,而 b_2,b_3 中至少有一个是奇数,于是有两种情况:

(1) a_2,b_2 是偶数,b_3 是奇数. 这时 AB 的中点 M 是格点;

(2) a_2,b_2,b_3 都是奇数. 这时 M 仍是格点.

因此 n 不被 4 整除.

类似地,可以证明对任意奇质数 p,$a_1b_2 - b_1a_2$,$a_2b_3 - b_2a_3$,$a_3b_1 - b_3a_1$ 不能都被 p 整除,不然的话,设它们都被 p 整除.

如果 a_1 被 p 整除,那么可设 a_3 不被 p 整除(a_2,a_3 都被 p 整除时,OA 上的 p 等分点 $\left(\dfrac{a_1}{p},\dfrac{a_2}{p},\dfrac{a_3}{p}\right)$ 是格点),于是 b_1 被 p 整除,b_2,b_3 中至少有一个不被 p 整除.

(1)b_2 被 p 整除,b_3 不被 p 整除,a_2 被 p 整除. 这时有整数 $s,0<s<p$,满足

$$sa_3 \equiv -b_3(\bmod p) \qquad (1)$$

$\triangle OAB$ 内的点 $N\left(\dfrac{sa_1}{p}+\dfrac{b_1}{p},\dfrac{sa_2}{p}+\dfrac{b_2}{p},\dfrac{sa_3}{p}+\dfrac{b_3}{p}\right)$ 是格点.

(2)b_2,b_3,a_2 都不被 p 整除. 这时仍有上述 s 使式(1)成立. 在式(1)的两边同乘 b_2,再将 a_3b_2 换成 a_2b_3,然后在两边约去 b_3 得

$$sa_2 \equiv -b_2(\bmod p) \qquad (2)$$

上述点 N 仍是格点.

如果 a_1,a_2,a_3,b_1,b_2,b_3 都不被 p 整除,那么有上述整数 s 使式(1)成立,并且也使式(2)与

$$sa_1 \equiv -b_1(\bmod p) \qquad (3)$$

成立,从而上述点 N 是格点.

因此,对于格点面积公式中的 n,方程

$$x^2 + y^2 + z^2 = n \qquad (4)$$

不但必须有解,而且解应当是本原的,即最大公约数必须为

$$(x,y,z) = 1 \qquad (5)$$

换句话说,设 $(x,y)=a$,即 $x=ak,y=ah,(k,h)=1$,则 $(a,z)=1$.

另一方面,对于上述整数 a,k,h,z,一定有一个格点三角形的面积公式中

$$n = a^2h^2 + a^2k^2 + z^2, (k,h) = (a,z) = 1$$

这只要取 A 为 $(h,k,0)$,B 为 (zs,zt,a),其中整数 s,t 满足

$$th - sk = 1 \qquad (6)$$

这时 $\triangle OAB$ 的面积显然是

$$\frac{1}{2}\sqrt{a^2h^2 + a^2k^2 + z^2}$$

我们证明 $\triangle OAB$ 内没有其他格点. 若不然,则有非负整数 $\mu,v,0 \le \mu + v \le 1$,使得点 $C(\mu h + vzs, \mu k + vzt, va)$ 是格点,即

$$\mu h + vzs \equiv 0 \,(\text{mod } 1) \qquad (7)$$
$$\mu h + vzt \equiv 0 \,(\text{mod } 1) \qquad (8)$$
$$va \equiv 0 \,(\text{mod } 1) \qquad (9)$$

于是

$$t(\mu h + vzs) - s(\mu k + vzt) = \mu \equiv 0 \,(\text{mod } 1)$$

从而

$$\mu = 0 \qquad (10)$$

($\mu = 1$ 时,$v = 0$,C 即 A),式(7)、(8)成为

$$vzs \equiv 0 \,(\text{mod } 1) \qquad (11)$$
$$vzt \equiv 0 \,(\text{mod } 1) \qquad (12)$$

$h \times (12) - k \times (11)$ 得

$$vz \equiv 0 \,(\text{mod } 1) \qquad (13)$$

由于 a,z 互质,有整数 q,r,使 $qa + rz = 1$,$q \times (9) + r \times (13)$ 得

$$v \equiv 0 \,(\text{mod } 1)$$

于是 $v = 0$ 或 1,C 即点 O 或点 B.

因此,要证明前面的结论,只要证明 n 除以 4 余 1,2 或除以 8 余 3 时,方程(4)有本原解.

n 除以 4 余 1,2 或除以 8 余 3 时,方程

$$x^2 + y^2 + z^2 = n \qquad (4)$$

有整数解. 这是熟知的结论(见[3]). 但方程(4)一定有本原解的结论与证明,在目前的文献中并没有见到. 为了证明这件事,需要二次形的知识,并且需要仔细回顾方程(4)有解的证明(例如见[4],[5]).

证明:方程(4)有解,关键是设法找一个整系数的三元二次形

$$f(x,y,z) = a_{11}x^2 + a_{22}y^2 + a_{33}z^2 + 2a_{12}xy + 2a_{13}yz + 2a_{23}zx$$

$$(14)$$

希望它具有两条性质:

(1)f 可以表示 n,也就是说有整数 x_0, y_0, z_0,使得

$$f(x_0, y_0, z_0) = n \qquad (15)$$

(2)f 与 $x^2 + y^2 + z^2$ 等价,即有线性变换

$$\begin{aligned} x' &= Ax + By + Cz \\ y' &= Dx + Ey + Fz \\ z' &= Gx + Hy + Iz \end{aligned} \qquad (16)$$

其中系数都是整数,而且行列式

$$\begin{vmatrix} A & D & G \\ B & E & H \\ C & F & I \end{vmatrix} = 1 \qquad (17)$$

使得

$$f(x', y', z') = x^2 + y^2 + z^2 \qquad (18)$$

对这样的 f,由式(16)的逆变换

$$\begin{aligned} x &= A'x' + B'y' + C'z' \\ y &= D'x' + E'y' + F'z' \\ z &= G'x' + H'y' + I'z' \end{aligned} \qquad (19)$$

（其中系数都是整数）得出有整数

$$x_1 = A'x_0 + B'y_0 + C'z_0$$
$$y_1 = D'x_0 + E'y_0 + F'z_0 \tag{20}$$
$$z_1 = G'x_0 + H'y_0 + I'z_0$$

从而

$$x_1^2 + y_1^2 + z_1^2 = f(x_0, y_0, z_0) = n \tag{21}$$

二次形 $f(x, y, z)$ 也可以利用矩阵，写成

$$f(x, y, z) = (x, y, z) \boldsymbol{P} \begin{pmatrix} x \\ y \\ z \end{pmatrix} \tag{22}$$

其中对称矩阵

$$\boldsymbol{P} = \begin{pmatrix} a_{11} & a_{12} & a_{13} \\ a_{12} & a_{22} & a_{23} \\ a_{13} & a_{23} & a_{33} \end{pmatrix} \tag{23}$$

矩阵 $\boldsymbol{P}$ 的行列式称为二次形 f 的判别式，线性变换式（16）也可以写成

$$\begin{pmatrix} x' \\ y' \\ z' \end{pmatrix} = \boldsymbol{Q} \begin{pmatrix} x \\ y \\ z \end{pmatrix} \tag{24}$$

其中矩阵

$$\boldsymbol{Q} = \begin{pmatrix} A & B & C \\ D & E & F \\ G & H & I \end{pmatrix} \tag{25}$$

的行列式

$$|\boldsymbol{Q}| = 1 \tag{26}$$

这样的 $\boldsymbol{Q}$ 当然有逆矩阵，而且 $\boldsymbol{Q}^{-1}$ 是整数矩阵

$$\begin{pmatrix} x \\ y \\ z \end{pmatrix} = \boldsymbol{Q}^{-1} \begin{pmatrix} x' \\ y' \\ z' \end{pmatrix} \tag{27}$$

如果对任意的不全为零的实数 x, y, z,均有 $f(x, y, z) > 0$,我们就说二次形 f 是正定的. 这就是矩阵 $\boldsymbol{P}$ 为正定,其充分必要条件是

$$a_{11} > 0, \quad \begin{vmatrix} a_{11} & a_{12} \\ a_{12} & a_{22} \end{vmatrix} > 0, \quad \begin{vmatrix} a_{11} & a_{12} & a_{13} \\ a_{12} & a_{22} & a_{23} \\ a_{13} & a_{23} & a_{33} \end{vmatrix} > 0 \tag{28}$$

在[4]中有一条定理:

每个正定的、判别式为 1 的三元二次形,等价于 $x^2 + y^2 + z^2$.

这个定理的证明可以直接看[4]. 为完整起见,我们在后面给出一个证明.

利用这个定理及下面的引理,不难得到我们的结论.

引理　设 $n > 1$. 如果 d 为正整数, $-d \pmod{dn-1}$ 为平方剩余,即有整数 m 满足

$$m^2 \equiv -d \pmod{dn-1} \tag{29}$$

那么 n 可以表示为三个平方的和,即有整数 x, y, z 满足

$$x^2 + y^2 + z^2 = n$$

而且最大公约数 $(x, y, z) = 1$.

证　令 $k = dn - 1$. 由式(29),有整数 h 使得

$$m^2 + d = kh$$

矩阵

毕克定理

$$P = \begin{pmatrix} h & m & 1 \\ m & k & 0 \\ 1 & 0 & n \end{pmatrix}$$

是正定的,因为

$$\begin{vmatrix} h & m \\ m & k \end{vmatrix} = hk - m^2 = d > 0$$

而且行列式

$$|P| = n(hk - m^2) - 1 \times k \times 1 = nd - k = 1$$

所以根据上述定理,二次形

$$f(x,y,z) = (x,y,z) P \begin{pmatrix} x \\ y \\ z \end{pmatrix}$$

等价于 $x^2 + y^2 + z^2$.

又 $f(0,0,1) = n$,所以有整数 x,y,z

$$\begin{pmatrix} x \\ y \\ z \end{pmatrix} = Q^{-1} \begin{pmatrix} 0 \\ 0 \\ 1 \end{pmatrix}$$

满足

$$x^2 + y^2 + z^2 = n$$

列向量 $(x,y,z)'$ 就是矩阵 Q^{-1} 的第三列. Q, Q^{-1} 都是行列式为 1 的矩阵,所以每一列的三个数,最大公约数为 1,即最大公约数 $(x,y,z) = 1$.

引理证毕.

$n = 4k + 2$ 时,等差数列 $4in + n - 1(i = 1, 2, \cdots)$ 的首项 $n - 1$ 与公差 $4n$ 互质,由狄利克雷定理知,存在正整数 j,使得 $4nj + n - 1 = p$ 为质数. 令 $d = 4j + 1$,对 d 的每个质因数 q

$$p = 4jn + n - 1 = dn - 1 \equiv -1 \pmod{d} \equiv -1 \pmod{q}$$

由互反定律

$$\left(\frac{q}{p}\right) = (-1)^{\frac{p-1}{2} \cdot \frac{q-1}{2}}\left(\frac{p}{q}\right) = (-1)^{\frac{p-1}{2} \cdot \frac{q-1}{2} + \frac{q-1}{2}}$$

$$= (-1)^{\frac{q-1}{2}}$$

$$\left(\frac{-d}{p}\right) = (-1)^{\frac{p-1}{2}}\left(\frac{d}{p}\right) = \prod\left(\frac{q}{p}\right) = \prod(-1) = 1$$

其中符号"$\prod$"是对 d 的出现重数为奇数的质因数求积. 其中质因数 $q \equiv 1 (\bmod\ 4)$ 对积的贡献为 1，$q \equiv -1(\bmod\ 4)$ 对积的贡献为 -1. 但 $d \equiv 1(\bmod\ 4)$，所以 -1 的个数是偶数，积为 1. 因此 $-d(\bmod\ dn-1)$ 是平方剩余.

$n = 4k + 1$ 时，类似地，取质数 $p = 4jn + \dfrac{3n-1}{2}$，并令 $d = 8j + 3$，则 $2p = dn - 1$.

$n = 8k + 3$ 时，取质数 $p = 4jn + \dfrac{n-1}{2}$，并令 $d = 8j + 1$，则 $2p = dn - 1$.

同样，计算雅可比符号可知，$-d(\bmod\ p)$ 是平方剩余，所以 $-d(\bmod\ 2p)$ 是平方剩余.

因此，由上面的引理及定理知，本文关于空间格点三角形面积的结论成立.

现在我们证明前面引用的定理（这个定理在[4]中也有，只是符号与表述略有不同），并介绍一些关于二次形的知识，这里所有字母表示的数均是整数.

先考虑二元二次形

$$f(x,y) = ax^2 + 2bxy + cy^2 = (x,y)\begin{pmatrix} a & b \\ b & c \end{pmatrix}\begin{pmatrix} x \\ y \end{pmatrix}$$

(很多书上，xy 的系数用 b 而不用 $2b$. 两者在本质上没有多少差别，我们用 $2b$ 可避免出现分数，这种情况对我们的证明已经足够).

对整数 n，如果有 x_0, y_0，使得 $f(x_0, y_0) = n$，就说 f 可以表示 n.

如果有线性变换

$$\begin{pmatrix} x' \\ y' \end{pmatrix} = \begin{pmatrix} A & B \\ C & D \end{pmatrix} \begin{pmatrix} x \\ y \end{pmatrix} = \boldsymbol{Q} \begin{pmatrix} x \\ y \end{pmatrix}, \ |\boldsymbol{Q}| = \begin{vmatrix} A & B \\ C & D \end{vmatrix} = 1$$

使得

$$f(x', y') = (x', y') \boldsymbol{P} \begin{pmatrix} x' \\ y' \end{pmatrix} = (x, y) \boldsymbol{Q}' \boldsymbol{P} \boldsymbol{Q} \begin{pmatrix} x \\ y \end{pmatrix} = g(x, y)$$

就说 f 与 g 等价. 显然这种等价关系具有对称性、反身性、传递性，因此二次形可以按照等价关系分类. 如果 f 可以表示 n，那么与 f 等价的 g 也可以表示 n.

行列式 $|\boldsymbol{P}| = ac - b^2$，称为 f 的判别式，由于 $|\boldsymbol{Q}| = 1$，所以

$$|\boldsymbol{Q}' \boldsymbol{P} \boldsymbol{Q}| = |\boldsymbol{P}|$$

即等价的二次形，判别式相等.

如果对不全为零的 x, y，恒有 $f > 0$，就说 f 是正定的. 显然 f 正定时，它的矩阵 $\boldsymbol{P}$ 是正定的，即 $a > 0$，而且判别式 $ac - b^2 > 0$.

关于二元二次形，我们有以下定理.

定理 1 如果 f 表示的正整数中，a 为最小，那么有一个与 f 等价的二次形 g，$g(1, 0) = a$.

证 设 $f(x_0, y_0) = a$，则最大公约数 (x_0, y_0) 的平方整除 a

$$f\left(\frac{x_0}{(x_0, y_0)}, \frac{y_0}{(x_0, y_0)} \right) = \frac{a}{(x_0, y_0)^2}$$

因为 a 为最小,所以最大公约数 $(x_0, y_0) = 1$. 于是有 s, t, 使得

$$sx_0 + ty_0 = 1$$

$$\begin{pmatrix} x_0 & -t \\ y_0 & s \end{pmatrix} \begin{pmatrix} 1 \\ 0 \end{pmatrix} = \begin{pmatrix} x_0 \\ y_0 \end{pmatrix}$$

即令 $g(x, y) = f(x_0 x - ty, y_0 x + sy)$,则 $g(1, 0) = f(x_0, y_0) = a$.

定理2 每个正定的二元二次形 f 均可以等价于一个标准形 $ax^2 + 2bxy + cy^2$,其中

$$2|b| \leqslant a \leqslant c \qquad (30)$$

证 设 a 为 f 表示的最小的正整数,则由定理 1 知,存在与 f 等价的 $g, g(1, 0) = 1$. 于是

$$g(x, y) = ax^2 + 2bxy + cy^2$$

a 也是 g 表示的最小的正整数,所以 $a \leqslant g(0, 1) = c$.

如果 $2|b| \leqslant a$,那么不等式(30)已经成立. 如果 $2|b| > a$,那么作带余除法

$$b = a \cdot q + r, 0 \leqslant r < a \qquad (31)$$

在 $2r > a$ 时,将式(31)改写成

$$b = a \cdot (q+1) + (r - a)$$

这时

$$2|r - a| = 2(a - r) = a - (2r - a) < a$$

因此总可以设

$$b = a \cdot q + r, 2|r| \leqslant a \qquad (32)$$

二次形

$$h(x, y) = g(x - qy, y)$$
$$= ax^2 + 2(b - qa)xy + (c + aq^2)y^2$$

与 f 等价,而且系数满足定理要求.

定理 3　设二元二次形 f 的判别式为 d，则在定理 2 所说的标准形中

$$a \leqslant 2\sqrt{\frac{d}{3}} \qquad\qquad (33)$$

特别地，在 $d=1$ 时，f 与 $x^2 + y^2$ 等价.

证　$a^2 \leqslant ac = d + b^2 \leqslant d + \dfrac{a^2}{4}$，所以不等式（33）成立. 在 $d=1$ 时，$a=1$，$b=0$，$c=1$，所以 f 与 $x^2 + y^2$ 等价.

从定理 3 可知，在判别式 d 固定时，二元二次形的等价类个数有限. 二元二次形的类数是一个重大问题.

三元二次形的等价、正定、判别式、表示整数等均与二元二次形类似，不必重复.

与定理 1 类似的有：

定理 4　如果三元二次形 f 表示的正整数中，a 为最小，那么有一个与 f 等价的二次形 g，$g(1,0,0)=a$.

证　设 $f(x_0, y_0, z_0) = a$，则同样有最大公约数 $(x_0, y_0, z_0) = 1$，因此要证明定理 4，只需要证明下面的定理 5.

定理 5　设最大公约数 $(x_0, y_0, z_0) = 1$，则有一个第一列为 $(x_0, y_0, z_0)'$ 的矩阵，行列式为 1.

证　设最大公约数 $(y_0, z_0) = D$，则有 s,t 满足 $sy + tz_0 = D$. 最大公约数 $(x_0, D) = 1$，所以有 A,B 满足 $Ax_0 + BD = 1$. 记 $y_0 = Dy_1$，$z_0 = Dz_1$，则

$$\begin{pmatrix} 1 & 0 & 0 \\ 0 & y_1 & -t \\ 0 & z_1 & s \end{pmatrix} \begin{pmatrix} x_0 & -B & 0 \\ D & A & 0 \\ 0 & 0 & 1 \end{pmatrix} \begin{pmatrix} 1 \\ 0 \\ 0 \end{pmatrix} = \begin{pmatrix} 1 & 0 & 0 \\ 0 & y_1 & -t \\ 0 & z_1 & s \end{pmatrix} \begin{pmatrix} x_0 \\ D \\ 0 \end{pmatrix} = \begin{pmatrix} x_0 \\ y_0 \\ z_0 \end{pmatrix}$$

并且矩阵

$$\begin{pmatrix} x_0 & -B & 0 \\ y_0 & y_1 A & -t \\ z_0 & z_1 A & s \end{pmatrix} = \begin{pmatrix} 1 & 0 & 0 \\ 0 & y_1 & -t \\ 0 & z_1 & s \end{pmatrix} \begin{pmatrix} x_0 & -B & 0 \\ D & A & 0 \\ 0 & 0 & 1 \end{pmatrix}$$

的行列式为 1.

设

$$f(x,y,z) = ax^2 + 2bxy + 2cxz + a_{22}y^2 + 2a_{23}yz + a_{33}z^2 \tag{34}$$

是正定的二次形,判别式 d,a 是 f 所取的正整数值中最小的. 令

$$af = (ax + by + cz)^2 + a_{22}'y^2 + a_{33}'z^2 + 2a_{23}'yz$$

$$= (ax + by + cz)^2 + h(y,z) \tag{35}$$

作行列式为 1 的线性变换

$$\begin{pmatrix} y \\ z \end{pmatrix} = Q \begin{pmatrix} y' \\ z' \end{pmatrix} \tag{36}$$

使得 $h(y,z)$ 中,y^2 的系数是 $h(y,z)$ 所取正整数值中最小的. 为不使记号繁复,不妨认为式(35)中的 y,z 已经过上述变换,a_{22}' 就是 $h(y,z)$ 所取正整数值中最小的.

再用定理 2 中的方法,得到 q_1,q_2,使得

$$b = a \cdot q_1 + r_1, 2\mid r_1\mid \leqslant a$$

$$c = a \cdot q_2 + r_2, 2\mid r_2\mid \leqslant a$$

将 x 换成 $x' - q_1 y - q_2 z$,即作变换

$$\begin{pmatrix} x \\ y \\ z \end{pmatrix} = \begin{pmatrix} 1 & -q_1 & -q_2 \\ 0 & 1 & 0 \\ 0 & 0 & 1 \end{pmatrix} \begin{pmatrix} x' \\ y \\ z \end{pmatrix} \tag{37}$$

则 b,c 换成 r_1,r_2. 同样为不使记号繁复,我们仍然使用 b,c,但这时

$$2|b|,2|c| \leqslant a \tag{38}$$

于是,我们设(x,y,z)已经过变换式(36)、(37),而保留式(35)的记号不变.其中b,c满足不等式(38),a'_{22}是$h(x,y)$的最小正整数值.我们对式(34)的(x,y,z)也施行上述变换,同样仍保留原来的记号,虽然只有a不变,仍是f的最小正整数值,而其他字母表示的数均未必是原来的数.af的判别式是a^3d,所以h的判别式是

$$\frac{a^3d}{a^2} = ad$$

由定理3知

$$a'_{22} \leqslant 2\sqrt{\frac{ad}{3}} \tag{39}$$

即

$$aa_{22} - b^2 \leqslant 2\sqrt{\frac{ad}{3}} \tag{40}$$

由式(38)及a的最小性知

$$a^2 - \frac{a^2}{4} \leqslant 2\sqrt{\frac{ad}{3}} \tag{41}$$

于是

$$a \leqslant \frac{4}{3}\sqrt[3]{d} \tag{42}$$

在$d=1$时,$a=1,b=c=0,a_{22}=1$.由定理3知,$h(y,z)$与y^2+z^2等价,所以f与$x^2+y^2+z^2$等价.至此定理已证明.

参考文献

[1]闵嗣鹤.格点和面积[M].哈尔滨:哈尔滨工业大学出版社,2012.

［2］HARDY G H,WRIGHT E M. An introduction to the theory of numbers［M］. Oxford：Oxford University Press,1979.

［3］华罗庚. 数论导引［M］. 北京：科学出版社,1957.

［4］NATHANSON M B. Additive number theory the classical bases［M］. New York：Springer-Verlag,1996.

［5］冯克勤. 平方和［M］. 哈尔滨：哈尔滨工业大学出版社,2011.

从施瓦兹(Schwarz)到毕克到阿尔弗斯(Ahlfors)及其他[①②]

附录 Ⅲ

1916 年,毕克在他的一篇论文中,不无挑衅地以如下一段开始,"所谓的施瓦兹引理称……",接着提到 Garathéodory 1912 年的一篇论文. 追踪这一提示,人们从施瓦兹于 1869～1870 期间,在瑞士苏黎世工艺学校所做的演讲的一个整理笔记中

① 原题:"From Schwarz to Pick to Ahlfors and Beyond"译自:Notices of AMS V. 46,No. 8,Sep(1999) P. 868-873.

② Robert Osserman 是斯坦福大学荣誉退休数学教授及加州伯克利数学科学研究所(MSRI)的特别项目主任,他的 e-mail 地址是:Osserman@ msri. org. 本文根据 1997 年 9 月 19～21 日,作者在斯坦福大学举行的纪念 Lars Ahlfors 的研讨会上所做的讲话整理而成.

发现了提及施瓦兹引理的原始来源. 演讲笔记从 1851
年黎曼的博士论文提出黎曼映射定理开始,并指出黎
曼的论证并没有给出一个完全严格的证明. 演讲的目
的是对一类广泛的区域提出第一个完整的证明. 黎曼
映射定理称:任何一个不是全平面的单连通区域可以
一对一地、共形地映为单位圆周的内部(在那个时候,
平面区域是指由一条简单闭曲线所界定的区域). 演
讲笔记对一个由封闭凸曲线界定的区域证明了黎曼映
射定理.

　　施瓦兹的证明基于他早期对由多边形所界定的区
域所做的现在称之为施瓦兹－克里斯托弗(Christof-
fel)公式的工作. 施瓦兹的论文发表于 1869 年. 在文
章中,他提到,早在 1863 ~ 1864 年,当他听魏尔斯特拉
斯(Weirstrass)讲解析函数理论课时,他并不懂得对预
先给出的一个平面图形,可以共形地映为单位圆这样
一种单个的特殊情况. 于是他决定从最简单的情
形——正方形做起(就在那篇文章中,他证明了他著
名的对解析函数的"反射原理"). 他继续给出一个一
般公式,提到克里斯托弗曾单独地推导出同一个公式.
他同时对魏尔斯特拉斯完成以下证明的细节这一点深
信不疑:可以通过选定积分表达式中的任意常数,来给
出所要求的对任意多边形的映射. 施瓦兹的文章只对
四边形情形成功地给出证明.

　　一旦有了对多边形的映射,施瓦兹继续利用由多
边形界定的区域去逼近一个任意凸域,并证明对应的
映射收敛于一个满足所要求性质的极限映射. 由于得
到的结果被更一般的结果所取代,以致该证明早就被
忘掉了,最终导致对整个定理的一个证明. 然而,他对

于凸域的证明这第一步与最终称之为"施瓦兹引理"的早期提法的描述和证明完全一样.

引理 1 (施瓦兹引理) 设 $f(z)$ 在圆 $D = \{ |z| < R_1 \}$ 内的解析,并假设在 D 中,$|f(z)| < R_2$,且 $f(0) = 0$. 那么

$$|f(z)| \leqslant \frac{R_2}{R_1}|z|, \text{对} |z| < R_1 \qquad (1)$$

同时,普遍地注意到(尽管最初不是由施瓦兹得出)在式(1)中,对每个 $z \neq 0$,严格不等式成立,除非 f 是特殊形式

$$f(z) = \frac{R_2}{R_1}\mathrm{e}^{\mathrm{i}\alpha}z, \text{对某个实数} \alpha \qquad (2)$$

作为一个直接推论,得到:

推论 1 (刘维尔 (Liousville) 定理) 全平面中的有界解析函数是常数.

可由固定 R_2,且选择 R_1 为任意大证得.

推论 2 如果 $R_1 = R_2$,那么

$$|f'(0)| \leqslant 1 \qquad (3)$$

一个并不那么明显,但十分基本的推论是:

推论 3 如果 $R_1 = R_2$,且如果 f 从边界映射到边界,那么在任意点 b,且 $|b| = R_1$,$f'(b)$ 存在,成立

$$|f'(b)| \geqslant 1 \qquad (4)$$

由以下事实,证明立即得到,即在映射 f 之下,到原点的距离是收缩的,因而,到边界的距离是伸展的. 更精确地说,对实数 t,$0 < t < 1$,我们有 $|f(tb)| \leqslant t|b|$,使得

$$|f(tb) - f(b)| \geqslant R_1 - tR = |tb - b|$$

由上式得出式(4).

66

我们将在稍后,回到这个基本洞察的潜在意义. 尽管在这里我们还没有应用到它,但注意到,对上述证法的一个精致的改进导致一个更强、更精密的边界等式,即当 $R_1 = R_2 = 1$,如果一个单独边界点 b 映射到边界,且 $f'(b)$ 存在,那么

$$|f'(b)| \geqslant 1 + \frac{1 - |f'(0)|}{1 + |f'(0)|}$$

其证明可以在[6]中找到.

施瓦兹引理的标准证明——不是施瓦兹本人原先给出的证明——包含以下步骤:注意到条件 $f(0) = 0$ 蕴含函数 $g(z) = f(z)/z$,在圆 $|z| < R_1$ 中是一个正则解析函数,在每个圆 $|z| \leqslant r$ 中对 $g(z)$ 应用极大值原理,并对 $r \to R_1$ 取极限. 根据 Carathéodory(1952 年出版的《共形表示》一书,P. 114,注记 13)所称,该证明由 Erhard Schwarz 给出,但由 Carathéodory 于 1905 年首先发表. Carathéodory 同时也提到,早在 1884 年,庞加莱(Poincáre)已经给出一个类似的证明.

上述推论 1,即刘维尔定理,是复函数理论的一个基本结果,有许多重要的推论. 施瓦兹引理对刘维尔定理的关系是通常被人称之为布洛赫(Bloch)原理的一个典型范例. 布洛赫原理的作者安德鲁·布洛赫,也许在三个方面为人们所熟悉:其一是"布洛赫定理",对此我们将在下面加以讨论;其二是"布洛赫原理";其三是上面两项,还有他在精神病医院住院期间所得到的大量有趣的数学结果. 布洛赫在第一次世界大战将结束时,因杀害他的兄弟、姑母和叔父,而被关进精神病院,他曾在前线服役三个月,后来,因为从一个军事观察所上面跌落下来而受到解职(见亨利·嘉当

（Henri Cartan）和 Jacquelire Ferrand 1988 年用英文及法文所写的文章）.

布洛赫原理,就它本身的价值而论,它启发式的方法技巧,盖过它的结论. 它在本质上说明,不论什么时候,如果有诸如刘维尔定理一样的全局结果,就一定存在更强的有限结果,从中可以推出更一般的结论. 从刘维尔定理推出施瓦兹引理,就是一个绝妙的例子. 布洛赫自己也给出另外一个例子,无需应用到椭圆模函数或克贝（Koebe）单值化定理,他证明了一个有限的结果,该结果不但蕴含毕卡（Picard）定理,同时也是毕卡定理的一个简单的"初等证明".

定理1（布洛赫定理） 存在一个通用的常数 B, $B > 0$,满足如下性质:对每个 $R < B$, 每一个函数 $f(z)$, 它在单位圆 D 内解析,且正规化使得 $|f'(0)| = 1$,把 D 的某个子域一对一地、共形地映为半径为 R 的圆.

使布洛赫定理成立的 B 的最大值称之为布洛赫常数.

我们稍后再谈布洛赫定理和布洛赫常数. 现在还是让我们回到文章开头提到的毕克的论文. 在这篇文章中,毕克得到一个关键性的有关施瓦兹引理对双曲几何的观察结论,人们可能认为这一结论早先已由克莱因（Klein）或庞加莱得到.

引理2（施瓦兹–毕克引理） 设 $f(z)$ 是把单位圆 D 映入单位圆的全纯映射,那么

$$\hat{\rho}(f(z_1), f(z_2)) \leq \hat{\rho}(z_1, z_2) \qquad (5)$$

对所有 $z_1, z_2 \in D$,这里 $\hat{\rho}$ 为 D 中双曲度量下的距离.

为进一步印证,让我们关注这些量的显式. 我们将使用双曲平面中的单位圆模型,在其中,双曲度量由

68

$$\mathrm{d}\hat{s}^2 = (\frac{2}{1-|z|^2})^2|\mathrm{d}z|^2 \tag{6}$$

给出,而它的高斯曲率 $\hat{k}$ 满足

$$\hat{k} \equiv -1 \tag{7}$$

积分式(6),得出

$$\hat{\rho}(0,z) = \log\frac{1+|z|}{1-|z|} = 2\tanh^{-1}|z| \tag{8}$$

毕克所观察到的是可以将 f 与由 D 到 D 的线性分式变换合在一起,令 $z_1 \to 0$ 及 $f(z_1) \to 0$. 这些线性分式变换保持度量式(6)不变,因而是双曲平面上的等距变换. 故式(5)约化成

$$\hat{\rho}(0,f(z_2)) \leqslant \hat{\rho}(0,z_2) \tag{9}$$

但,由式(8)给出的,到原点的双曲距离是欧几里得距离的单调函数,使得当 $R_1 = R_2 = 1$ 时,式(9)等价于式(1). 进而,当且仅当 f 是双曲平面上的距离变换,即 f 是单位圆到它本身的一个线性分式变换时,施瓦兹引理中的等式成立.

　　施瓦兹 – 毕克引理的一个等价阐述是:每一个由单位圆映入到自身的全纯映射,或者是线性分式映射——因而是非欧几里得等距变换或者是使每一条曲线的双曲长度收缩的压缩映射.

　　在施瓦兹 – 毕克引理的许多重要推广中,也许其中最有影响的一个应属阿尔弗斯于 1938 年给出的([1]或[2],P. 350-355).

　　引理 3(施瓦兹 – 毕克 – 阿尔弗斯引理)　设 f 是由单位圆映入到一个装备了黎曼度量 $\mathrm{d}s^2$,且高斯曲率 $k \leqslant -1$ 的黎曼曲面 S 的全纯映射. 那么, D 中任意曲线的双曲长度至少等于它的象的长度,等价地

69

毕克定理

$$\rho(f(z_1), f(z_2)) \leqslant \hat{\rho}(z_1, z_2) \qquad (10)$$

对所有 $z_1, z_2 \in D$，或处处有

$$\| df_z \| \leqslant 1 \qquad (11)$$

这里的范数是对 D 中的双曲度量及对它的象给出的度量取定的，ρ 记 S 中对该度量的距离.

基于一个实函数的拉普拉斯算子在局部极小点处必定是非负的这样的事实，阿尔弗斯提出了一个既漂亮又初等的证明. 在共形映射 f 之下，在象曲面 S 上拉回共形度量，在单位圆上得到一个共形度量，并将它与原先的双曲度量相比较.

1982 年，当阿尔弗斯出版他的论文集时，他终于有机会来评价他的早期工作，他承认他对施瓦兹引理的推论"比我起初意识到的有更实质性的意义"，同时他又说"如果一点应用都没有，我的引理可能无足轻重，也不会出版"（[2]，P. 341）. 他所给出的应用中，最引人注目的是对布洛赫定理（上述定理 1）的一个全新的初等证明，并对布洛赫常数 B 得到一个显式下界，即 $B \geqslant \dfrac{\sqrt{3}}{4}$. 尽管经过多年的努力，对于这个下界只是得到微小的改进，有关这些问题的更详尽的讨论，可参见文章 [4].

在 20 世纪的进程中，整个的研究路线已经把毕克和阿尔弗斯的方法推广到施瓦兹引理，其中关键的因素是单位圆按双曲度量是完备的（例如，参见下文的定理 3 和定理 4）. 然而，在过去的十年，另一种方法使得我们可以回复到原来的施瓦兹引理，在这种新方法中，有一个由有限圆映入有限圆的映射，下面谈谈这些结果的某些例子.

曲面上一个半径为 R 的测地圆,是一个半径为 R 的欧几里得圆在指数映射之下的微分同胚象,等价地,有测地极坐标

$$ds^2 = d\rho^2 + G(\rho,\theta)^2 d\theta^2 \qquad (12)$$

这里 ρ 表示到圆心的距离,且对 $0 < \rho < R$

$$G(0,\theta) = 0, \frac{\partial G}{\partial \rho}(0,\theta) = 1, G(\rho,\theta) > 0 \qquad (13)$$

下文,我们将应用如下记号: D_R 记圆 $\{|z| < R\}$,ds^2 是 D_R 中的黎曼度量. 设 f 把 D_R 映入到装备了度量 ds^2 的曲面 S 上的一个以 $f(0)$ 为圆心的测地圆. 那么在

$$\rho(P) = S \qquad (14)$$

上为从 $f(0)$ 到 P 的距离,在

$$\dot{\rho}(z) = D_R \qquad (15)$$

上为从 0 到 z 的距离.

命题 1 设 f 是一个全纯映射,它把圆 $|z| < R_1$ 映入到高斯曲率 $k \leqslant 0$ 的曲面 S 上一个半径为 R_2 的测地圆,那么

$$\rho(f(z)) \leqslant \frac{R_2}{R_1}|z| \qquad (16)$$

对 $|z| < R_1$.

注意,这是原先施瓦兹引理的一个直接推广,而且有完全相同的推论:

推论 1 任何一个将全平面映入到 $k \leqslant 0$ 的曲面上的测地圆的全纯映射必定是常数.

推论 2 如果 $R_2 \leqslant R_1$,则 $\| df_0 \| = 1$.

推论 3 如果 $R_2 = R_1$,且如果在某个点 z,满足 $|z| = R_1, \rho(f(z)) = R_1$,并且 df_z 存在,则

$$\| \mathrm{d}f_z \| \geqslant 1 \qquad (17)$$

注 对 $k > 0$ 推论 1 不真,球极平面投影的逆是由全平面映为一个测地圆的非常量共形映射,该测地圆由去掉一点的球构成.

命题 2 设 f 是一个全纯映射,f 把 $\{|z| < r < 1\}$ 映入满足高斯曲率 $k \leqslant -1$ 的曲面 S 上的一个中心在 $f(0)$,半径为 ρ_2 的测地圆. 并设 ρ_1 是 $|z| < r$ 的双曲半径,即,由式(8)得 $\rho_1 = \log \dfrac{1+r}{1-r}$. 若 $\rho_2 \leqslant \rho_1$,且 $\mathrm{d}\hat{s}$ 是 $|z| < 1$ 上的双曲线度量,那么

$$\rho(f(z)) \leqslant \hat{\rho}(z) \qquad (18)$$

对 $|z| < r$.

推论 1 在相同的假设之下

$$\| \mathrm{d}f_0 \| \leqslant 1 \qquad (19)$$

推论 2 若,进一步,$\rho_2 = \rho_1$,且 f 把边界映到边界,那么在 $|z| = r$ 上使 $\mathrm{d}f_z$ 存在的任意一点 z,有

$$\| \mathrm{d}f_z \| \geqslant 1 \qquad (20)$$

注意,在这两个命题中,不像施瓦兹 – 毕克引理及它的衍生结果那样,我们只可以断言,到中心的距离得到压缩.

在讨论一般压缩引理之前,让我们先提一提一些已经得到的有关阿尔弗斯引理的推广.

定理 2 设曲面 $\hat{S}$ 是完备的,其高斯曲率 $\hat{k} \geqslant -1$,并设 f 是由 $\hat{S}$ 映入满足 $k \leqslant -1$ 的曲面 S 的全纯映射. 那么,对 $\hat{S}$ 中所有的点 P,$\| \mathrm{d}f_P \| \leqslant 1$,即 $\hat{S}$ 中每条曲线的长度大于或等于它的象的长度.

定理 3 设 $\hat{S}$ 是完备的,并设 f 全纯地映 $\hat{S}$ 入 S. 假设

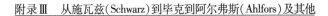

$$K(f(p)) \leqslant \hat{k}(p) \qquad (21)$$

$$K(f(p)) \leqslant 0 \qquad (22)$$

及假设关于 K 及 $\hat{k}$ 的某些进一步限制满足,那么,对 $\hat{S}$ 上所有的点 P, $\| \mathrm{d}f_p \| \leqslant 1$.

对每个定理精确的假设条件可以查阅原文. 在这里,影响最大的是条件(21),它代表由阿尔弗斯开创的探索路线所达到的合乎自然规律的顶点. 基本原理是象区域的曲率负得越多,全纯映射压缩的距离及曲线长度就越大. 注意,我们确实在比较同一区域中的两种度量:原来的度量 $\mathrm{d}\hat{s}^2$ 和在映射 f 下度量 $\mathrm{d}s^2$ 的拉回. 事实上,所有阿尔弗斯型引理都可以被称为两种相关的共形度量之间的比较定理. 且再次地,基本原理是曲率负得越多,曲线按度量的长度就越短.

这一类的结果似乎使人惊讶,但显然地,反过来联想起黎曼几何中标准的比较定理,该定理粗略地讲,曲率负得越多,某些曲线被拉伸越多,特别地有:

引理 4 (黎曼比较定理) 设 $\mathrm{d}s^2$ 和 $\mathrm{d}\hat{s}^2$ 是由测地极坐标给出的形式为 $\mathrm{d}s^2 = \mathrm{d}\rho^2 + G(\rho,\theta)^2\mathrm{d}\theta^2$, $\mathrm{d}\hat{s}^2 = \mathrm{d}\rho^2 + \hat{G}(\rho,\theta)^2\mathrm{d}\theta^2$ 的度量. 如果

$$k(\rho\theta) \leqslant \hat{k}(\rho,\theta) \qquad (23)$$

对 $0 < \rho < \rho_0$ 那么

$$\frac{1}{G} \cdot \frac{\partial G}{\partial \rho} \geqslant \frac{1}{\hat{G}} \cdot \frac{\partial \hat{G}}{\partial \rho} \qquad (24)$$

且

$$G(\rho,\theta) \geqslant \hat{G}(\rho,\theta) \qquad (25)$$

注意到

$$G(\rho_1,\theta) = \frac{\mathrm{d}s}{\mathrm{d}\theta} \qquad (26)$$

沿测地圆周 $\rho = \rho_1$ 使得不等式(25)蕴含

$$L(\rho_1) \leqslant \hat{L}(\rho_1) \qquad (27)$$

对 $0 < \rho_1 < \rho_0$. 这里 $L(\rho)$ 和 $\hat{L}(\rho)$ 称为在半径为 ρ 的测地圆周中按各自度量的长度.

　　一个显然的问题是,在如同引理3的阿尔弗斯型引理与黎曼比较引理(引理4)之间存在什么样的关系——如果有关系存在的话. 答案是双重的:首先,存在一种基于式(17)和式(20)的启发式论据,它提供了两者之间的一种联系. 其次,可以利用黎曼比较引理去证明一个一般的有限压缩引理,它包含上文的命题2作为一个特殊情况,因而提供一种新的途径去证明原先的阿尔弗斯引理.

　　让我们简略地审视一下关于比较定理的两种形式的启发式论据. 在带有黎曼度量 $\mathrm{d}\hat{s}^2 = \mathrm{d}\hat{\rho}^2 + \hat{G}(\hat{\rho},\theta)^2\mathrm{d}\theta^2$ 的曲面上有半径为 ρ_1 的测地圆 $\hat{D}$, 这里, 对 $\hat{D}$ 中任意点 P, $\hat{\rho}(P)$ 是点 P 和圆心 O 之间的距离. f 将 $\hat{D}$ 共形地映入到带度量 $\mathrm{d}s^2$ 的曲面 S 上, 并假设象落在一个具有相同半径, 圆心为 $f(0)$ 的测地圆内. 在适当的曲率限制之下, 我们希望证明

$$\rho(f(p)) \leqslant \hat{\rho}(p) \qquad (28)$$

对 D 中所有点 P, 这里 $\rho(Q)$ 是 S 上由 $f(0)$ 到 Q 的距离.

　　我们引入测地极坐标 $\mathrm{d}s^2 = \mathrm{d}\rho^2 + G(\rho,\theta)^2\mathrm{d}\theta^2$ 在象点上, 满足 $0 \leqslant \rho \leqslant \rho_1$, 且 $0 \leqslant \theta \leqslant 2\pi$. 同时, 我们假设曲率关系为

$$k(\rho,\theta) \leqslant \hat{k}(\hat{\rho},\theta) \qquad (29)$$

当 $\rho = \hat{\rho}$, 即是说, 对每个固定的 θ, 像测地圆的曲率至多等于原象关于到中心的相同距离的曲率. 那么, 对不

等式(28),我们所要证明的是,对 $C < \rho_1$,每一个测地圆 $\hat{\rho} < C$ 映入象中的测地圆 $\rho < C$. 耐人寻味的是,当 f 将 $\hat{D}$ 映为全圆 D 时,一些内圆的象可能放到最大. 因此,假设 f 是这样的映射,f 把边界 $\hat{\rho} = \rho_1$ 映成边界 $\rho = \rho_1$,并进一步假设在一个稍大一点的圆,$\hat{\rho} < \rho_0$ 中,f 是确定的、共形的,那么,黎曼比较定理适用. 不等式(27)成立表明,从全局上,映射 f 把长度为 $\hat{L}(\rho_1)$ 的测地圆周 $\hat{\rho} = \rho_1$ 映为长度大于或等于 $L(\rho_1)$ 的测地圆周;局部地,由式(26),不等式(25)表明,在一个涉及带相同角坐标 θ 的点,把 $\hat{\rho} = \rho_1$ 映射到 $\rho = \rho_1$ 的映射之下,成立

$$\frac{\mathrm{d}s}{\mathrm{d}\hat{s}} \geqslant 1 \tag{30}$$

然而,一般地,f 并不使 θ 保持不变,因而不等式(27)只表明不等式(30)大体上成立,其中 s 和 $\hat{s}$ 代表在映射之下,沿圆周 $\rho = \rho_1$ 和 $\hat{\rho} = \rho_1$ 的弧长. 最后一个启发式假设是在映射 f 之下,不等式沿整条曲线 $\rho = \rho_1$ 成立. 于是,f 的共形性蕴含相同的不等式在径向上也成立,因此,沿 $\hat{D}$ 的每条径向射线 $\theta = \theta_0$,有

$$\frac{\mathrm{d}\rho}{\mathrm{d}\hat{\rho}}\big|_{\hat{\rho}=\rho_1} \geqslant 1 \tag{31}$$

这里 $\rho(\hat{\rho})$ 是一个函数,它在 $\hat{D}$ 中坐标为 $(\hat{\rho}, \theta_0)$ 的点 P 处,其值为 $\rho(f(p))$. 现在假设,在不等式(31)中我们有严格不等式成立,使得在 $\hat{D}$ 中靠近边界 $\hat{\rho} = \rho$ 的点,从 D 的边界 $\rho = \rho_1$ 逐渐移开,因而一步步移动靠近 D 的中心,那么不等式(28)成立. 事实上,对靠近 $\hat{D}$ 的边界的某个圆环区域的点 P,严格不等式成立. 接着,我们回到 $\hat{D}$ 内半径较小的圆的原来的情况,且我们可以

期望推广得到像不等式(28)一样的压缩不等式.

简而言之,富于启发式的联系是,一个如同不等式(29)一样的关于高斯曲率的等式蕴含由边界 $\hat{\rho}=\rho_1$ 到 $\rho=\rho_1$ 的扩张,由 f 的共形性知,它蕴含由边界出发的径向扩张,或者点向中心的移动,因而是一种按不等式(28)意义的压缩.

我们还未能把这一启发式的论据转化为在不等式(28)的完全普遍性之下的一个完全的证明,但我们已经有可能对一类非常广泛的度量得出结果,包括命题1和命题2中的度量,即对所有具有圆对称性的度量 $d\hat{s}^2$.

定理4(一般有限压缩引理) 设 $\hat{D}$ 是一个关于度量 $d\hat{s}^2$,半径为 ρ_1 的测地圆,假设 $d\hat{s}^2$ 是圆对称的,使得

$$d\hat{s}^2 = d\hat{\rho}^2 + \hat{G}(\hat{\rho})^2 d\hat{\theta}^2 \qquad (32)$$

对 $0 \leq \hat{\rho} < \rho_1$,这里 $\hat{G}$ 仅依赖于 $\hat{\rho}$,不依赖于 θ. 设 f 是一个把 $\hat{D}$ 映入曲面 S 上半径为 ρ_2 的测地圆 D 的全纯映射,f 把 $\hat{D}$ 的中心映成 D 的中心. 如果 $\rho_2 \leq \rho_1$ 且 $k(\rho,\theta) \leq \hat{k}(\hat{\rho})$ 对 $\rho = \hat{\rho}$,那么

$$\rho(f(p)) \leq \hat{\rho}(p) \qquad (33)$$

对 $\hat{D}$ 中所有点 P,详细证明参见[5].

关于这一结果有几点附注需要说明.

第一,如所指出的,由于 $\rho_2 \leq \rho_1$ 的假设,它并没有直接地包括上文命题1的完全形式. 然而,证明得出一个更一般的阐述([5]中定理2),而无需该项假设. 于是,命题1作为一个特殊情况出现.

第二,上面定理3所阐述的结果代表了长达一个世纪的探索历程的合乎自然规律的顶点. 这个历程以 Carathódory 于1905年出版的,现在称之为施瓦兹引理

的论文为发端,通过毕克的阐释,以及由阿尔弗斯和丘成桐相继的推广,得出一个总体的基本原理:一个由一个曲面映入另一个曲面的全纯映射,象曲面的曲率负得越多,收缩的距离就越大,在此之前得出的早期结果,要求映射区域的曲率必须有一个一致下界,该下界控制了象点的一个完全上界.而定理3所证明的是,在适当假设之下,逐点有界就足够了.

通过回归到关于将一个有限圆映入另一个有限圆的映射的最初的施瓦兹型引理,定理4在某种意义上完成了这种思想的循环,不同于施瓦兹－毕克－阿尔弗斯－丘成桐－Troyanov-Ratto-Rigoli-Véron的提法,所有这些提法均要求对映射区域装备一种完备的黎曼度量.与此同时,它适用于具有高斯曲率逐点比较的各类映射.然而,定理3中所描述的假设,只在一个给定的全纯映射之下,将每个象点的曲率与它的原象点的曲率进行比较.定理4则将象点的曲率与原区域的曲率,用与某些固定点的可比距离进行比较,与映射无关.而在诸如原先的阿尔弗斯引理和丘成桐的推广的情况下,因为存在曲率的全局的界,两种类型的比较没有差别.

最后以两点注记来结束本文.

第一,施瓦兹引理可以想象成一棵繁茂大树的主干,向着各个方向繁衍分枝.在这篇文章中,我们只是追踪其中的一枝,还有许多其他的分枝.这里只列举两枝:一是,对高维情况的许多推广;一是,1991年由A. F. Beardon和K. Stephenson证得的对圆装填问题的"离散型的施瓦兹－毕克引理".1996年,Z. -H. He和O. Schramn应用该引理,通过圆装填,给出了用色斯顿

（Thurston）创新方法对黎曼映射定理的一个新的证明.

第二,本文中我们所追踪的这一特别的分枝,由于 M. Bonk 和 A. Eremenko 公布的一项最新结果而显得异常繁盛. 我们将他们的主要结果讲述如下：

考虑黎曼球的一个三角剖分,黎曼球由四个其顶点落在一个内接正四面体的等边三角形构成. 设 f 是一个共形映射,它将一个欧几里得等边三角形映为那四个球面三角形中的一个. 通过连续反射,f 可以扩展成为全平面上的亚纯函数,全平面的象将是球面上的一个无穷多叶的黎曼曲面,它的简单分枝点位于三角剖分的每个顶点上. 球上的每一个其边界圆经过三角剖分的三个顶点的圆盘,都有曲面的无限多个非分枝叶,展布在圆盘的内部之上. 换言之,球上的每一个这样的圆盘,将是 f 在区域内（无限多个）单连通域的一对一的共形象.

Bonk 和 Eremenko 所断言的是,对球上任意较小的圆盘,平面上的每一个亚纯函数具有性质：它的象包含一个至少与此圆盘一样大小的非分枝圆盘. 换言之,上面描述的曲面是极值曲面,给出了另外一个布洛赫型常数的精确值,类似于布洛赫定理（定理 1）中的常数. 进而,作者证明他们的结果蕴含原先的布洛赫定理,以及由阿尔弗斯得出的对"五岛定理"的引人瞩目的推广,即对于球上任意 5 个约当域,它们的闭包是不相交的,则其中有一个必定由平面上任一个非常数亚纯函数的象所简单覆盖.

Bonk 和 Eremenko 的证明的关键思想是在单位球上的一个分枝黎曼曲面上引入一个度量,这是一个远

离分枝点的普通球面度量,在分枝点处有负无穷曲率.把球面看成满足某些复条件的球面三角形的并.然后,用作者的话来说,证明的思想是"如果三角形足够小,那么,集中于顶点的负曲率控制了扩展至全体三角形的正曲率.这样,从大范围上来讲,曲面就好像它的曲率被一个负曲率由上面界定".

就这样,阿尔弗斯关于施瓦兹 – 毕克引理的最初的洞察和领悟正以最美妙、最出人意料的新方式继续结出丰硕的果实.

参考文献

[1] AHLFORS L V. An extension of Schwarz's Lemma [J]. Trans. Amer. Math. Soc. , 1938, 43 (3):359-364.

[2] AHLFORS L V, SHORTT R M. Collected papers [M]. Boston-Basel-Stuttgart:Birkhäuser,1982.

[3] BONK M, EREMENKO A. Covering properties of meromorphic functions, negative curvature and spherical geometry [J]. Annals of Mathematics, 2000,152(2):551-592.

[4] OSSERMAN R. Conformal geometry, in the mathematics of lars valerian ahlfors [J]. Notices Amer. Math. Soc. ,1998(45):233-236.

[5] OSSERMAN R. A new variant of the Schwarz-Pick-Ahlfors Lemma [J]. Manuscripta Math. , 1999, 100(2):123-129.

[6] OSSERMAN R. A sharp Schwarz inequality on the boundary [J]. Proc. Amer. Math. Soc. , 2000, 128(12):3513-3517.

[7] OSSERMAN R, RU M. An estimate for the Gauss curvature of minimal surfaces in $\mathbf{R}^m$ whose Gauss map omits a set of hyperplanes [J]. J Differential Geom. ,1997,46(3):578-593.

美国中学课本中的有关平面格点的内容

1. 格点和有序对

本附录标题中"格"这个词暗示着像棚架的一个开网络,而确实这就是它的来源. 你可能已听到过由富勒设计的测地线圆屋顶,它大得足以容下一个棒球场. 假如这个圆屋顶已经被弄平,那么它的一部分会如图1所示.

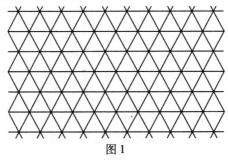

图1

附录 IV

上图交点的集合给出了一个格. 在本附录中我们将利用格来帮助我们更好地理解映射.

你可以看到, 图 1 仿佛是用三角形建立起来的. 但是假如我们拿掉一组平行线, 我们就看到三角形被平行四边形所代替. 但我们有相同的格. 这显示在下面的图 2 中.

注意一个格的下述特色.

1. 一个格的点是由两族或两组平行线所确定的, 一族中每条直线和另一族中每条直线相交. 这意味着所有的直线都在一个平面内.

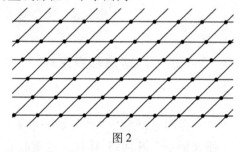

图 2

2. 在每一族中的直线都均匀地被隔开. 但是一族直线的间隔不必和另一族直线的间隔相同.

3. 每个格点是在两条直线上, 每一条各属于两个直线族之一.

这些特点提示一个用整数去准确地描述格点位置的方法. 我们从两族直线中各选出一条直线, 称其中的一条为 x 轴, 而另一条为 y 轴. 然后像给数线指派数那样, 我们指派整数给在这些轴上的格点, 把零保留给轴的交点, 如图 3 所示.

以此为基础, 我们能指派一个整数有序对给任意的格点. 我们用在图 3 中标有 P 的点作例子来说明如

何去做.点 P 位于两条直线之上.其中一条交 x 轴于一个点,给它指派的整数是 3.另一条直线交 y 轴于一个点,给它指派的整数是 2.按照这个顺序来取,指派给 P 的整数对是 3,2,我们把它写作(3,2).如你所知道的,这里的括号指明的是一个有序对,第一个整数叫作 P 的 x 坐标,第二个整数叫作 P 的 y 坐标,而它们一起叫作 P 的坐标.

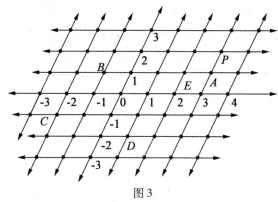

图 3

注意,图 3 中的箭头指明格延伸到整个平面.由于这个原因,我们需要所有的整数.

一个指派数的有序对给平面中的点的系统叫作一个平面坐标系.我们描述过的系统——指派整数有序对给在平面中格点的集合.我们可以把我们的系统称为一个平面格坐标系.

在平面格坐标系中的整数有序对集合通常称为 $Z \times Z$,读作"Z 叉 Z".这里的 Z 和我们对整数集用过的符号是一样的.在 $Z \times Z$ 中的"$\times$"暗示着有序对.

在下面的这些图中,我们给出了种种格坐标系.研究它们并且看看它们如何不同.

　　我们已经看到,给出一个格坐标系和格中的一个点,我们能够指派一个整数有序对给这个点. 我们能把指派逆过来吗? 这就是说,给出一个格坐标系和一个整数有序对,我们能否指派格的一个点给这个有序对? 让我们来看一下. 假定整数对是(−2 , −1). 我们先在 x 轴上找一个点,给它指派的整数是 −2 ,平行于 y 轴且过这个点的直线仅存在一条. 然后我们在 y 轴上找一个点,给它指派的整数是 −1 ,平行于 x 轴且过这个点的直线仅存在一条. 这两条直线属于不同的平行直线族,因此仅有一个交点,而这就是坐标为(−2 , −1)的那个点.

　　用图 3 中的格坐标系,找坐标是(−2 , −1)的点. 在图 4 的格坐标系中,找坐标是(−2 , −1)的点. 对于图 5 和图 6 重复做一下.

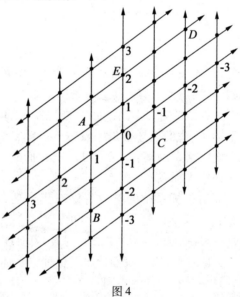

图 4

84

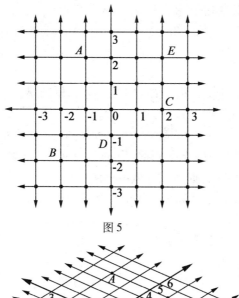

图 5

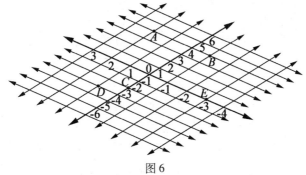

图 6

2. 练习

1. 求在下述图中标有 A, B, C, D, E 的点的坐标.

(a) 图 3.　　　　　　　(b) 图 4.

(c) 图 5.　　　　　　　(d) 图 6.

2. 在格坐标系中,是否有一个格点具有坐标?

(a)(300,282).   (b)(– 5 062, – 4).

(c)($2\frac{1}{2}$,0).

对于下面的练习,你将需要一张格纸(或许你的教师有这种纸),一些有色铅笔和一把尺子. 这张格纸至少要有十一行格点和十一列格点. 过一行的点画一条直线作为 x 轴,并过一列的点画一条直线作为 y 轴. 参考图3. 普通的图像纸也可使用.

3. 在格坐标系上找出具有下述坐标的点:

(a)(3,4).   (b)(– 3,4).

(c)(3, – 4).   (d)(– 3, – 4).

(e)(1,0).   (f)(0,1).

(g)(– 2,0).   (h)(0, – 2).

(i)(– 5,6).   (j)(6, – 5).

4. 在 x 轴上挑选七个连贯的点,使中间那个点有坐标(2,0). 其他六个点的坐标是什么?

5. 在 y 轴上挑选五个连贯的点,使中间那个点有坐标(0, – 2). 其他四个点的坐标是什么?

6. 过坐标满足下述条件的点,用有色铅笔画出一条或一些直线. 在一组中,对每个条件使用不同的颜色并对每一组使用不同的格纸.

第1组:

(a)第一个坐标等于第二个坐标.

(b)第一个坐标是第二个坐标的加法逆元.

第2组:

(c)点的坐标的和等于5.

(d)点的坐标的和等于3.

（e）点的坐标的和等于 – 3.

（f）点的坐标的和等于 – 5.

第 3 组：

（g）第一个坐标减第二个坐标等于 2.

（h）第一个坐标减第二个坐标等于 – 1.

第 4 组：

（i）第一个坐标等于 2.

（j）第一个坐标等于 – 2.

（k）第二个坐标等于 4.

（l）第二个坐标等于 – 4.

第 5 组：

（m）坐标的绝对值是相等的.

7. 对于在这个练习中所列的每个条件,在你的图像或格纸上用不同的颜色画出一条封闭曲线使它恰恰包围满足这个条件的那些点. 例如

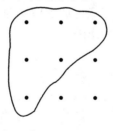

（只包围你的格纸上的这些点,即使不在你的格纸上边有满足条件的点）.

（a）第一个坐标小于第二个坐标.

（b）坐标的和大于 5.

（c）第一个坐标大于第二个坐标.

（d）坐标的和小于 – 5.

(e)第一个坐标小于 -2.

(f)第一个坐标大于 3.

(g)第二个坐标小于 -4.

(h)第二个坐标大于 3.

3. Z×Z 上的条件和它们的图像

满足第 2 节练习 6 或 7 中条件之一的有序对的集合叫作这个条件的解集. 例如,条件"坐标的和等于 5"的解集将包含

$(0,5),(1,4),(2,3),(3,2),(4,1),(5,0),(6,-1),$
$(7,-2),\cdots,(-1,6),(-2,7),(-3,8),\cdots$

和这些有序对联系着的格点集称为这个解集的图像,或有时称为这个条件的图像. 上面解集的图像用图7 中圈起来的点表示出来.

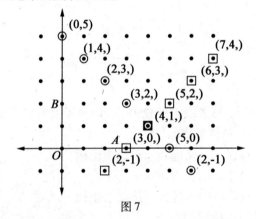

图 7

注意,在图 7 中条件"第一个坐标比第二个坐标大

88

3"的图像是用把点加方框来显示的(不同条件的图像用不同颜色包围的方法去显示效果当然是很好的).

问题　既用圆又用正方形围起来的是哪个点？4+1是等于5吗？4是比1大3吗？(4,1)是否同时满足这两个条件？

数学学习的一部分是学习用数学符号去表达数学思想.以前你曾经用"x"去表达第一个坐标,而用"y"去表达第二个坐标.

因此"坐标的和等于5"可以改写为"$x+y=5$"."第一个坐标比第二个坐标大3"可以改写为"$x=y+3$".假如,我们对同时满足这两个条件的数对有兴趣,那么我们可以写"$x+y=5$ 和 $x=y+3$".这个新的条件是由用"和"连接起来的两个条件做成的.它的解集是$\{(4,1)\}$,而其图像是只含有一个点的集合.这个点叫作这两个图像(条件"$x+y=5$"的图像和条件"$x=y+3$"的图像)的交点,而$\{(4,1)\}$叫作这两个解集的交.

4. 练习

1. 用符号"x","y"," $=$ "等把下述条件翻译成在上面用过的形式.

(a)第一个坐标等于第二个坐标.(答 $x=y$)

(b)第一个坐标是第二个坐标的加法逆元.(答 $x=-y$)

(c)坐标的和等于3.

(d)坐标的和等于 -3.

(e)坐标的和等于 –5.

(f)第一个坐标与第二个坐标的差(按这个顺序)等于 2.

(g)第一个坐标与第二个坐标的差等于 –1.

(h)第一个坐标等于 2.

(i)第一个坐标等于 –2.

(j)第二个坐标等于 4.

(k)坐标的绝对值相等.

2. 把你在练习 1 中写出的开句画出图像.

3. 把下述条件(用坐标的语言)翻译为句子:

(a)$x + 6 = y$.   (b)$y - x = 3$.

(c)$y = |x|$.   (d)$y = x - 2$.

(e)$7 = |x - 3|$.   (f)$x = 7$.

(g)$y = 1$.

4. 对于"大于"使用" $>$ "以及对于"小于"使用" $<$ ",把第 2 节中练习 7 的句子翻译为数学符号.

5. 把下述句子翻译为数学符号:

(a)第二个坐标是 2 与第一个坐标的积.

(b)第一个坐标是 2 与第二个坐标的积.

(c)第二个坐标是 3 与第一个坐标的积.

(d)第一个坐标是 3 与第二个坐标的积.

6. 用语句来描述下述条件:

(a)$y = 5x$.   (b)$x = 5y$.

(c)$y = x^2$.   (d)$y = 0$.

(e)$y < 0$.   (f)$x > 0$.

(g)$x \cdot y = 6$.   (h)$2x = 3y$.

7. 对于练习 6 中的每个条件,列出满足这个条件的 $Z \times Z$ 的四个成员. 例如, $(1, 5)$, $(2, 10)$,

$(-1,-5)$和$(0,0)$是满足$6(a)$的$Z \times Z$的四个成员.

8. 在同一张格纸上,画出下述每个条件的图像. 对于每个条件,使用不同颜色把满足条件的点圈起来.

(a)$y = x$.　　　　　　　(b)$y = 2x$.

(c)$x = 27$.　　　　　　　(d)$x = 0$.

(e)$y = 0$.

9. 练习 8 中图像的交点(公共点)是什么? 哪个图像被包含在 x 轴内? y 轴内? 哪些图像被包含在不同于轴的直线内?

10. 把下述句子翻译为数学符号:

(a)第二个坐标比第一个坐标的二倍多一.

(b)第一个坐标比第二个坐标的三倍少五.

11. 用语句来描述下面的条件:

(a)$y = x + 1$.　　　　　　(b)$y = x - 1$.

(c)$y = x + 2$.　　　　　　(d)$y = x - 2$.

12. 对于练习 11 中每个条件,画一条直线过满足这个条件的点. 对于所有的直线使用同一张格纸.

13. 练习 12 中的四条直线有什么相像之处? 列出这些直线和 y 轴相交的点的坐标. 注意这些坐标和练习 11 中所表达的条件间的相似之处.

5. 解集的交和并

所有满足条件 $x > 0$ 的格点都在 y 轴的相同的一边. 我们将把在 y 轴的这一边的格点的集合叫作"A". 满足条件 $y > 0$ 的格点的集合位于 x 轴的相同的一边.

把这个集合叫作"B".

当两个条件由一个像"和"这样的连词连接起来时,它们就形成一个新的叫作复合条件的条件. 满足复合条件"$x>0$ 和 $y>0$"的点的集合是既满足条件"$x>0$"又满足条件"$y>0$"的那些点的集合. 这个集合叫作集合 A 和 B 的交. 这是因为它是由所有既在 A 中又在 B 中的元素组成的. 图 8 说明了集合 A,B 与 A 和 B 的交(写作 $A \cap B$)的关系.

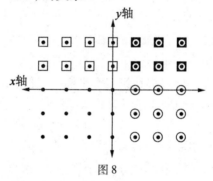

图 8

A 中的点在圆圈中($x>0$).

B 中的点在方框中($y>0$).

$A \cap B$ 中的点在圆圈和方框中($x>0$ 和 $y>0$).

令 C 是满足条件"$x<0$"的点的集合. 令 D 是满足条件"$y<0$"的点的集合. 在一个像图 8 那样的图中说明 C,D 和 $C \cap D$. 对于 A 和 D,B 和 C 做同上的说明.

列出在(1)$A \cap B$(2)$C \cap D$(3)$A \cap D$(4)$B \cap C$ 中的两个点的坐标.

满足条件"$x=0$"的所有格点都在 y 轴上. 把这个集合叫作"E". 复合条件"$x>0$ 或 $x=0$"的解集含有或满足"$x>0$"或满足"$x=0$"或同时满足两者的那些"点". 这个集合是 A 和 E 的并,记作 $A \cup E$. 图 9 说明

了这个集合的关系.

A 中的点用圆圈围住了($x>0$).

E 中的点用方框围住了($x=0$).

$A \cup E$ 中的点用圆圈和方框围住了($x>0$ 或 $x=0$).

对于"$x>0$ 或 $x=0$"的一个较简的记法是"$x \geqslant 0$",读作"x 大于或等于零".

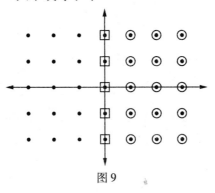

图9

6. 练习

1. 在这个练习中试找出复合条件的图像中的点,而不先分别画出每个简单条件的图像. 这个练习的所有部分都做在一张格纸上.

(a)$x \geqslant 0$ 和 $x=y$.

(b)$x<0$ 和 $x=-y$.

(c)$x \geqslant 0$ 和 $x=y$ 或 $x<0$ 和 $x=-y$.

在练习 2,3,4 和 5 中,遵循练习 1 的指令.

2. (a)$x \geqslant -1$ 和 $y = x + 1$.

(b)$x < -1$ 和 $y = -(x+1)$.

(c)$x \geqslant -1$ 和 $y = x + 1$ 或 $x < -1$ 和 $y = -(x+1)$.

3. (a)$x \geqslant 0$ 和 $y \geqslant 0$ 和 $x + y = 5$.

(b)$x < 0$ 和 $y \geqslant 0$ 和 $y - x = 5$.

(c)$x \geqslant 0$ 和 $y \geqslant 0$ 和 $x + y = 5$ 或 $x < 0$ 和 $y \geqslant 0$ 和 $y - x = 5$.

4. (a)$x \leqslant 0$ 和 $y \leqslant 0$ 和 $x + y = -5$.

(b)$x \geqslant 0$ 和 $y \leqslant 0$ 和 $x - y = 5$.

(c)$x \leqslant 0$ 和 $y \leqslant 0$ 和 $x + y = -5$ 或 $x \geqslant 0$ 和 $y \leqslant 0$ 和 $x - y = 5$.

5. (a)$y \geqslant x$ 和 $y \leqslant x + 3$.

(b)$y \leqslant x$ 和 $y \geqslant x - 3$.

(c)$y \geqslant x$ 和 $y \leqslant x + 3$ 或 $y \leqslant x$ 和 $y \geqslant x - 3$.

7. 绝对值条件

你曾把一个整数 a 的绝对值考虑为 $\max\{a, -a\}$. 从这个定义你能够看到:

(a)零的绝对值是零.

(b)一个正整数的绝对值就是这个正整数.

(c)一个负整数的绝对值是这个负整数的加法逆元.

这概括了所有可能情形. 这是因为, 假如 x 是一个整数, 那么就有 $x = 0, x > 0$ 或 $x < 0$.

这个定义可以写得更为简洁

$$|x| = \begin{cases} x, \text{若 } x \geq 0 \\ -x, \text{若 } x < 0 \end{cases}$$

例1 假如 $x = 5$,那么 $|x| = 5$. 这是因为 $5 > 0$.

假如 $x = 0$,那么 $|x| = 0$,这是因为 $0 = 0$.

假如 $x = -3$,那么 $|x| = 3$. 这是因为 $-3 < 0$ 而 $-(-3) = 3$.

例2 假设 $|x| = 3$.

从定义 $|x| = x$ 或 $|x| = -x$,因此用 3 来代替前面的 $|x|$,得 $3 = x$ 或 $3 = -x$,由此得 $x = 3$ 或 $x = -3$. 你看到我们从 $|x| = 3$ 出发,而作为一个结果得到了复合条件"$x = 3$ 或 $x = -3$". 这个条件的解集是这两个简单条件的解集的并.

在一条直线上这个解集仅仅是一对点. 但是在平面中格点的集合中,一个更为有趣的情况产生了. 在图 10 中,对于 $x = 3$ 或 $x = -3$ 的那些点都已用圆圈圈上了.

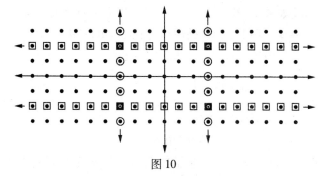

图 10

其次,假设 $|y| = 2$,那么 $y = 2$ 或 $y = -2$. 在图 10 中,第二个坐标是 2 或 -2 的那些点用方框围了起来. $|x| = 3$ 和 $|y| = 2$ 的图像是以什么方式指出的?

8. 练习

1. 下述绝对值指的是什么整数？

(a) $|-7|$.　　　　　　　(b) $|15|$.

(c) $|0|$.　　　　　　　(d) $|-1|$.

(e) $|999|$.

2. 在同一张格纸上画出下述条件的图像.

(a) $|x| = 4$.　　　　　(b) $|x| = 4$ 和 $|y| = 1$.

(c) $|y| = 1$.　　　　　(d) $|x| = 4$ 或 $|y| = 1$.

(e) 描述 (c) 和 (d) 中的图像是如何由 (a) 和 (b) 中的图像所确定的.

3. 画出 $y = |x|$ 的图像. 记住如果 $x \geq 0$ 那么 $y = x$ 以及如果 $x < 0$ 那么 $y = -x$. $x \geq 0$ 是说点都在 y 轴的右边或 y 轴上. $x < 0$ 是说点都在 y 轴的左边.

4. 画出 $y = |x+1|$ 的图像. 提示

$$|x+1| = \begin{cases} x+1, 若 x \geq -1 \\ -(x+1), 若 x < -1 \end{cases}$$

也可参考第 6 节中练习 3.

5. 画出下述条件中的图像：

(a) $y = 2|x|$（在 y 轴的右边这就变为 $y = 2x$；在 y 轴的左边就变为 $y = -2x$）.

(b) $y = 3|x|$.

(c) $y = -2|x|$.

6. 画出下述条件的图像：

(a) $y = |x| + 1$（为什么你能把它考虑为从 x 轴平

移了一个间隔的 $y = |x|$ 的图像).

(b)$y = |x| - 2$.

7. 画出 $|x| + |y| = 5$.

9. 格点游戏

1. 漫画的游戏

看一看当你变动 x 轴和 y 轴的交角时,图像或画会发生什么有趣的情况. 例如,看一看当你变动轴的交角时,"方头像"会发生什么情况(图11)?

假如你在一个格栅上画一个圆,然后用联结有相同坐标点的办法把它转移到另一个格栅上,那么你想这个圆会发生什么情况?

把在图12中画出的"月球上的人",转移到另一个格栅上,它的轴具有差别很大的夹角,即↘. 用画上的点的坐标来做这个转移.

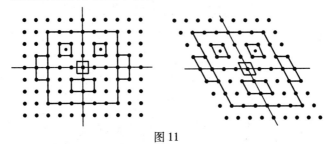

图 11

记住,当你求第二个坐标时,你必须沿着一条"倾斜"直线来数点的数目.

97

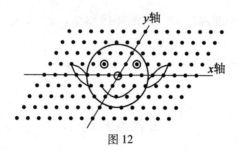

图 12

头:$(-2,4)(2,2)(4,-2)(3,-4)(1,-4)$
$(-2,-2)(-4,2)$;

眼:$(-2,2)(0,2)$;

鼻:$(0,0)$;

嘴:$(-1,-1)(1,-2)(2,-1)$;

左耳:$(-4,2)(-5,2)(-4,1)$;

右耳:$(2,2)(3,2)(3,1)$.

漫画的游戏如下地玩:

(a)一个学生在他自己选择的一个格栅上画一个图,然后不出示这个图,而只告诉这个图的关键点的坐标.

(b)其他学生在自制的格栅上,使用任何选定的轴的交角,标出这些坐标,并描出这个图.

2. 带运算的棋

这个游戏由两个人在格点的有限集上来玩.例如:

$(0,2)$ $(1,2)$ $(2,2)$

$(0,1)$ $(1,1)$ $(2,1)$

$(0,0)$ $(1,0)$ $(2,0)$

你将需要用$(Z_3,+)$的算术,故我们列出必要的事实:
$0+0=0,0+1=1,0+2=2,1+1=2,1+2=0,2+2=$

1,而交换性质将提供其他基本事实:

(a)一个游戏者持有红色棋子,另一个游戏者持有黑色棋子. 掷一个硬币决定谁先走.

(b)第一个游戏者放一个棋子在他想放的任何点上.

(c)然后第二个游戏者放一个棋子在任何未被盖上的点上,并且放一个在其坐标是由最后两个被盖上的点的对应坐标相加所得的点上. 这里要用$(Z_3,+)$中的加法.

(d)在以后每次换边时,假如游戏者的对手刚放了一个棋子在(c,d)上,那么这个游戏者不但可以放在任何未被盖上的点(a,b)上,而且还要放在$(a+c,b+d)$上. 若是这个点已经被他的对手的棋子盖上了,那么游戏者就换上他自己的棋子. 例如,假如一个游戏者刚盖上点$(2,1)$,那么另一个游戏者可以盖上点$(2,2)$,而且还要盖上$(2+2,1+2)$即点$(1,0)$.

(e)当所有的点全被盖上时,这个游戏就结束了. 谁盖着的点多谁就算赢. 当你玩这个游戏时,你将会看到,它包括了若干有趣的策略.

10. 格点的集合和 Z 到 Z 内的映射

格点的一个重要应用就是表示 Z 到 Z 内的映射.

下面的这个图列出了由 $x\rightarrow 2x$ 做成的某些指派,这里 x 是 Z 的成员.

定义域… -3 -2 -1 0 1 2 3 …

值 域… -6 -4 -2 0 2 4 6 …

由这个映射联结起来的数对也可以被列为 $Z \times Z$ 的子集

$\{\cdots(-3,-6),(-2,-4),(-1,-2),$

$(0,0),(1,2),(2,4),(3,6)\cdots\}$

这个子集可以画成图像(图13).

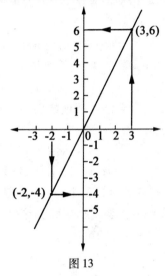

图 13

在这个特殊的映射中我们看到,重要的点是那些 (x,y),其中 $y=2x$. 从 x 轴上的 3 到点(3,6)的箭头和从点(3,6)到 y 轴上的 6 的箭头说明了一个几何方法,使用图像去求给 x 轴上某一个整数所指派的 y 轴上的整数.

从图 13 所表明的映射的定义域中选择另一些整数,对于每一个整数描绘从 x 轴上的点,到图像中的点,然后到 y 轴上值域的对应成员的路线.

100

哪条轴含有一个映射的定义域的图像?

哪条轴含有一个映射的值域的图像?

条件 $y=\dfrac{12}{x}$ 引起映射 $x\rightarrow\dfrac{12}{x}$,假如我们限制这个映射的定义域为能整除 12 的整数集 T. 于是

$T=\{-12,-6,-4,-3,-2,-1,1,2,3,4,6,12\}$

为了画出这个映射的图像,我们如下进行:取一个 T 的元素,譬如说 -6. 计算 $\dfrac{12}{x}$,在这个情形中,$\dfrac{12}{-6}=-2$.

在映射 $x\rightarrow\dfrac{12}{x}$ 下,给 x 指派的是 $\dfrac{12}{x}$. 因此给 -6 指派的是 -2,而有序对 $(-6,-2)$ 在这个映射的图像中. 我们可以把这个过程思考如下:$y=\dfrac{12}{x}$,取 $x=-6$. 那么 $y=\dfrac{12}{-6}=-2$,而数对 $(x,y)=(-6,-2)$ 就被确定了. 假如,我们从这个映射的定义域中取元素 4,那么 $y=\dfrac{12}{4}=3$,而 $(4,3)$ 是图像中的一个点.

按照这种方式我们能够求出其他数对并把它们登记在表 1 中.

表 1

定义域	值域
-12	
-6	-2
-4	
-3	
-2	
-1	

续表 1

定义域	值域
1	
2	
3	
4	3
6	
12	

复制并且完成表 1. 在一张图像纸上画出轴并且用圆把从这张表中得到的点圈起来.

11. 练习

1. 对于下述每一个对应做一张类似于上面的表：

(a) $y = x^2$.　　　　　　(b) $y = 2x + 1$.

(c) $y = x^2 + 1$.　　　　(d) $y = 2x - 1$.

(e) 假如 x 是偶数, 那么 $y = 9$; 假如 x 是奇数, 那么 $y = 1$.

2. 用你在练习 1 中建立的那些表, 把每个条件的图像中的点圈起来. 使用图像纸并对每个图像单独作一对轴.

12. 在空间中的格点

假如 **Z** 表示整数集,以及 **Z** × **Z** 表示所有的整数有序对的集合,那么你想一想 **Z** × **Z** × **Z** 表示什么?

你已经看到 **Z** 可以与直线上的点集有联系,而 **Z** × **Z** 可以与平面中的点集有联系. 所有有序三重整数集可以与(三维)空间中的点集有联系.

假定你希望坐落在某个马路和大街的拐角上的办公大楼里见到你的朋友,那么你不仅需要知道街的号数和马路的号数,而且还需知道在这个办公大楼的几楼.

一架飞机在任何瞬间的经度和纬度都不足以确定它的位置. 你还必须知道它的高度.

在上面的每一个例子中,必须要有三个数才能确定空间中一个物体的位置. 相应地,我们把格点的三维集合的每个点与一个有序三重整数组联系起来. 在这一情形中,我们不是有两个而是有三个轴,而每个点有三个坐标.

图 14 说明了对空间中某些点的坐标的指派. 研究这个图,看你是否能发现每个三重的 (x, y, z) 是如何被指派的.

具有顶点 A, B, G, F 的几何图形是一个平行四边形,这是因为直线 AB 平行于直线 FG,而直线 FA 平行于直线 GB. 具有顶点 $OABCDEFG$ 的几何图形有六个面,每个面是一个平行四边形,它叫作平行六面体.

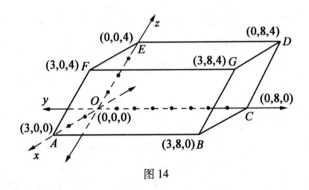

图 14

13. 练习

1. (a)用顶点的字母来称呼上面平行六面体的六个面.

(b)有多少个平行四边形以 O 为一个顶点?

(c)试画出这样的平行六面体,它的三个面以 O 为顶点,并且从 O 引出的对角线的另一端点是点 $(2,3,4)$. 列出所有 8 个顶点的坐标.

2. 试用三张卡片纸,做三个面的一个模型,使任何两个面有一条公共直线,但所有三个面只有一个公共点.

14. 平移和 $Z \times Z$

在这一节中,我们的主要兴趣在于,用坐标描述的格点集到它自己的平移.

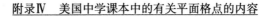

在一个映射中,我们将用"P'"(读作:P 撇)来表示点 P 的象. 假如 P 的坐标是 (x,y),那么 P' 的坐标是 (x',y').

平移把格中的每一个点向相同方向"移动"相同的距离.

图 15 给出了在四个点上某个平移的效果.

$$(-4,-1)\longrightarrow(-3,1)$$
$$(-1,-3)\longrightarrow(0,-1)$$
$$(5,-1)\longrightarrow(6,1)$$
$$(3,1)\longrightarrow(4,3)$$

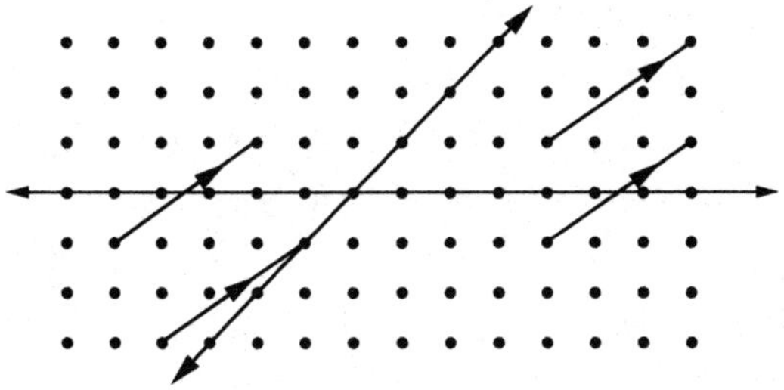

图 15

问题 1. 在下述每一情形中,第一个坐标增加了多少? 第二个坐标增加了多少?

2. 在相同的平移中,下述点的象是什么?

(a)(2,3).　　　　(b)(6,−2).

(c)(−1,2).　　　　(d)(0,0).

上面的平移可以定义为

$$(x,y)\longrightarrow(x+1,y+2)$$ 或定义为 $T_{1,2}$

$T_{1,2}$ 指明,这个平移把每个点的第一个坐标加 1,第二个坐标加 2.

$Z\times Z$ 的任何平移可以记为

$$(x,y)\longrightarrow(x+a,y+b)$$ 或 $T_{a,b}$

105

这里 a 和 b 都是整数.

平移 $T_{0,0}$ 的效果是什么? 由于 $T_{0,0}$ 或 $(x,y)\to$ $(x+0,y+0)$ 映射每一个点到它自己,故这个平移称为恒等平移.

你已经熟悉映射的合成. 关于格点集的平移 $T_{a,b}$ 和 $T_{c,d}$ 的合成能被表达为

$$T_{a,b}\circ T_{c,d}=T_{c+a,d+b}$$

在上面的定义中,符号"。"能读作"与"或"紧跟",这是由于"。"右面的平移是先作的平移. 在一个点 (x,y) 上,上面平移合成的效果是

$$(x,y)\longrightarrow(x+c+a,y+d+b)$$

假如在图 16 的坐标系中,在格点上放一个圆盘,那么 $T_{2,3}\circ T_{-4,-1}$ 告诉你先把这个圆盘向左边移动 4 个点并向下移动一个点,然后跟着向右移动 2 个点并向上移动 3 个点. 由于 $T_{2,3}\circ T_{-4,-1}=T_{-2,2}$,因此这样做应和向左移动 2 个点和向上移动 2 个点一样. 图 16 给出了对 $(0,0)$ 的效果来说明这个情况.

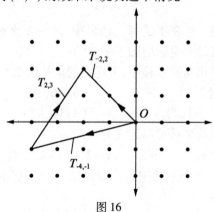

图 16

15. 练习

1. 求下述平移对的合成：

（a）$T_{-5,3} \circ T_{5,-3}$.　　　　　　（b）$T_{4,-2} \circ T_{-4,2}$.

（c）$T_{a,b} \circ T_{-a,-b}$.

假如两个平移的合成是恒等平移,那么每一个平移叫作另一个平移的逆平移.

2. 使用关于整数加法的交换性质去证明：$T_{a,b} \circ T_{c,d} = T_{c,d} \circ T_{a,b}$.

3. 练习 2 表明了平移的合成的什么性质？

4. 使用整数的一个性质去证明下面的式子

$$T_{a,b} \circ (T_{c,d} \circ T_{e,f}) = (T_{a,b} \circ T_{c,d}) \circ T_{e,f}$$

5. 练习 4 表明了平移的合成的什么性质？

6. 在图像纸上画一个有下述顶点的平行四边形

$$(-3,-1),(0,3),(7,3),(4,-1)$$

7. 用尺子来验证练习 6 中的每一对相对顶点的中点是 $(2,1)$.

8. 求练习 6 中的点在平移 $T_{-2,-1}$, 即映射每个 (x,y) 到 $(x-2,y-1)$ 的平移下的象.

9. 验证你在练习 8 中求得的象点形成另一个平行四边形的顶点.

10. 用尺子来验证练习 9 中每一对相对顶点的中点就是点 $(2,1)$ 在平移 $T_{-2,-1}$ 下的象.

16. 伸长和 Z × Z

图 17 说明了在伸长下,点的集合发生怎样的情况.
一个 Z × Z 的伸长是一个如下指明的映射

$$(x,y) \longrightarrow (ax,ay) \text{ 或 } D_a$$

这里 a 是任一非零整数.

在图 17 的伸长中 $a = 2$. 这个映射是 $(x,y) \rightarrow (2x,2y)$ 或 D_2. 一种等价的说法是,象中各点对间的距离两倍于第一个画中对应点间的距离. 假如伸长是 D_{-2},那么象将有相同的尺寸,但是将头朝下地位于 x 轴下边和 y 轴左边,他的鼻子还是对着 y 轴,但在原点下 6 个单位处.

练习 把原来的画伸长 -2 倍. 那么映射是 $(x,y) \rightarrow (-2x, -2y)$,你将会看到他的大小增大了,而他的头朝下.

在任何伸长中,每个点的两个坐标都乘以相同的数. 在下面的问题中,我们将把这个数称为"a":

(a)假如 $a = 1$,那么在一个伸长中各点会发生什么情况?

(b)假如 $a = -1$,那么在一个伸长中各点会发生什么情况?

(c)假如我们容许 a 为零,每个点将映射到哪个点上?

(d)假如 $a = 3$,那么在一个点的集合中每个点会发生什么情况? 假如 $a = -3$ 呢?

(e)假如一个画是在图 17 中 y 轴的左边和 x 轴的

上边,那么在 D_2 下其象在何处? 在 D_{-2} 下呢?

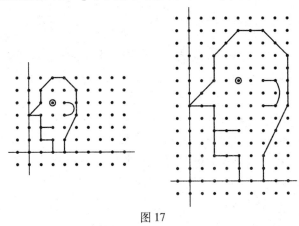

图 17

(f)在 x 轴上的任何点被伸长 $(x,y) \to (ax,ay)$ 映射到何处? 在 y 轴上的一个点被映射到何处?

17. 练习

1. 用伸长 D_3 去画出下述的点和它们的象

$(-3,-1),(0,3),(7,3),(4,-1)$

2. 回答有关练习 1 中的图和它的象的下述问题:

(a)四个给定点给出怎样的几何图形的轮廓?

(b)象点可以给出和原来的图形一样大小的一个图形的轮廓吗? 形状一样吗?

3. 伸长的合成可以表达为 $D_b \circ D_a = D_{ab}$,这里的 D_a 先伸长.

(a)哪个伸长,把每一个点映射到它自己?

（b）只有哪两个伸长在 $Z \times Z$ 中有逆元？

18. 某些其他的映射和 $Z \times Z$

假如给了你一个点的坐标和求这个点的象的一个规则，那么现在你在求象时应该已有些技巧了. 对于下面的每一个映射，求给出一个平行四边形的轮廓的下述那些点以及这个平行四边形相对顶点的中点的象. 然后回答问题（a）~（g）.

点：$(-3, -1), (0, 3), (7, 3), (4, -1)$.

相对顶点的中点 $(2, 1)$.

（a）首先使用图像纸去画出这个图和它的象.

（b）象是否给出另一个平行四边形的轮廓？

（c）中点的象是不是相对顶点的象的中点？

（d）由象点给出其轮廓的图形和原来图形大小一样吗？形状一样吗？

（e）假如把平行四边形的顶点按顺时针方向叫作 $ABCD$，那么它们各自的象 A', B', C', D' 也是按顺时针方向排着吗？

（f）对每个映射做它和自己的合成.

（g）合成下述映射：（1）紧跟（2），（3）紧跟（5），（4）紧跟（6），（5）紧跟（6），（6）紧跟（5）.

映射：

（1）$(x, y) \rightarrow (x, -y)$；

（2）$(x, y) \rightarrow (-x, y)$；

（3）$(x, y) \rightarrow (y, x)$；

(4)$(x,y)\rightarrow(y,-x)$;

(5)$(x,y)\rightarrow(x+3,-y)$;

(6)$(x,y)\rightarrow(x+2y,y)$.

19. 小结

1. 给平面内的格点指派整数有序对这件事情包括：

（a）给称为轴的两条相交直线中每一条上的有相等间隔的点指派整数；

（b）给在轴的平面内的格点指派从每条轴上取一个整数所作成的整数对.

2. 所有整数有序对的集合记作 $Z\times Z$,而被指派给一个点的两个整数叫作这个点的坐标.

3. 关于一个点的坐标的条件被用开句来表达. 例如,"坐标的和等于 3"被表达为"$x+y=3$". 把满足条件的有序对的集合称为这个条件的解集. 把以这些有序对为坐标的格点集称为这个条件的图像.

4. 复合条件可以用把两个开句用"和"连接起来的办法来表达. 也可以用连词"或". 假如一对整数同时满足连接的两个条件,那么它就满足了一个"和"条件. 假如它满足其中任何一个条件,那么它就满足了一个"或"条件.

5. 一个整数的绝对值被定义为

$$|x|=x,若 x\geqslant0$$

$$|x|=-x,若 x<0$$

6. 用给点指派三个数的方法,平面坐标系的思想可以被推广到空间.

7. $Z \times Z$ 的平移被表达为
$$(x,y) \rightarrow (x+a, y+b)$$

8. $Z \times Z$ 的伸长被表达为
$$(x,y) \rightarrow (ax, ay)$$

20. 复习练习

1. 对下述条件的每一个,列出满足它的五个整数有序对:

(a) $x + 2y = 5$.　　　　(b) $x = 27$.

(c) $y = |x| - 2$.　　　　(d) $|x| + |y| = 3$.

(e) $xy = 24$.

2. 把下述条件翻译为开句:

(a) 第一个坐标的两倍减第二个坐标的三倍等于 7.

(b) 第一个坐标比第二个坐标的绝对值的两倍小 3.

(c) 第一个坐标大于 0 和第二个坐标小于 2.

3. 把下述的开句翻译为词:

(a) $y = x^2 - 2$.　　　　(b) $|x + y| = 5$.

(c) $y > 2$ 或 $x < 3$.

4. 把下述条件的解集列出来:

(a) $x + y = 5$ 和 $x - y = 3$.

(b) $y = x^2$ 和 $x = -1$.

5. 画下述条件的图像:

（a）$y = 2x - 1$.　　　　　　（b）$y = -3x$.

（c）$x > 0$ 和 $y = 0$.

6. 哪个或哪些"区域"含有坐标满足下述条件的那些点.

（a）$x = 2$ 和 $y > 0$.

（b）(x, y) 不在任何一条轴上.

（c）$y < -5$ 和 $x < -6$.

（d）$x = -10$ 和 $y = 23$.

7. 在一张图像纸上画出一对轴并且把下述的点用圆圈起来

$(6, 11)$,$(6, 1)$,$(11, 6)$,$(1, 6)$,$(9, 10)$,$(3, 10)$,

$(3, 2)$,$(9, 2)$,$(10, 9)$,$(10, 3)$,$(2, 3)$,$(2, 9)$

8. 对于下面的映射,求练习 7 中每个点的象,并且把这些象点用圆圈起来.

（a）$(x, y) \to (x, -y)$.

（b）$(x, y) \to (-2x, -2y)$.

（c）$(x, y) \to (-x, y)$.

（d）$(x, y) \to (y, x)$.

9. 在一张图像纸上,标出下述的点,并且画出由它们给出其轮廓的三角形:$(0, 0)$ $(0, 5)$ $(2, 0)$.

在同一张图像纸上,标出这三个点在下述映射下的象,并且在每一情形中,画出由这三个象点给出其轮廓的三角形.

（a）$(x, y) \to (2x, 2y)$.

（b）$(x, y) \to (-2x, 2y)$.

（c）$(x, y) \to (-2x, -2y)$.

（d）$(x, y) \to (2x, -2y)$.

10. 在一张图像纸上,标出下述四个点,并且画出

由它们给出其轮廓的四边形
$$(0,0),(0,3),(4,3),(4,0)$$
在同一张图像纸上,标出这四个点在下述映射下的象,并且在每一种情形中,画出由这四个象点给出其轮廓的四边形.

(a) $(x,y)\rightarrow(x+3,y+4)$.

(b) $(x,y)\rightarrow(x+2y,y)$.

(c) $(x,y)\rightarrow(x+5,-y)$.

(d) $(x,y)\rightarrow(x,0)$.

编辑手记

怎样将艰深难懂的近代数学理论向广大的大中学生进行普及. 寓教于乐是个好办法. 有许多人对中国学生中小学阶段计算能力明显高于世界其他各国中小学生感到百思不得其解. 后来找到了一个独特的解释——得益于中国的小九九乘法表. 因为中文中 1~9 都是单音阶, 所以中国学生易背诵, 而且早就如此:

如无锡城南公学堂编辑的《学校唱歌集》(1906), 其中许多乐歌都对新兴学科做了解说: "加减乘阶端始基, 九数立通例. 点线面体究精义, 思想入非非. 天元代数种种难题, 演草明真理. 中西算术日新奇, 制出精良器" (乐歌《数术》); "泰西文字列专科, 学术同研究。字分八类条理多, 文法莫差讹. 有音无音廿六字母, 声韵宜合度. 愿诸君博览西书, 殚精相切磋" (乐歌《英文》);

毕克定理

"动植矿物遍地纷纶,距离算术考察精.声光化电尤研究,标本仪器辨分明.纵云欧美新学问,格致发明推圣经.愿吾青年,酌古又准今,他日博学乃成名"(乐歌《格至》).乐歌的作者通过音乐的形式向学生普及了对传统国人甚为陌生的数学、英语、物理、地理、天文等来自西方的知识.这种贴合人情的宣传方式削弱了新知识所带来的"陌生"感.

近年来有一种方法似乎不用公式与字母就可对近代数学成果进行普及.但笔者认为这样的科普并非真正的科普,领悟数学精神可以但体会数学之美还是要靠公式,只不过需要一块恰当的敲门砖.

人们问短跑巨星迈克尔·约翰逊为什么选择这种跑步姿势.他说:"我只会这样跑!"

在中学阶段多学一点新知识尤为重要.北京大学社会学教授郑也夫专门研究了中国学生的复习问题.结果表明要想取得高分,复习是法宝.中国的教育方式是用大量的时间去复习,在高中阶段只是围绕考大学要用到的知识反复复习,最后达到近乎条件反射的程度.这对将来要成为一个学术人来讲伤害极大,所以真正学有所成的大师——像陈省身先生到中学去就叮嘱学生不要打 100 分,70 分就行,剩下的时间和精力干什么,多多学习自己感兴趣的各学科的新知识.

在 20 世纪 80 年代全国各师范院校都开设一门叫作"解题研究"的课程.其目的就是为了培养数学教师具有良好的解题胃口.但既然叫研究就不能单靠刷题来解决.作为教师应充分了解每一道试题的背景.这样才能一次解决一批题而不是一道题.同时也对学生成长有利.相当于给学生开了许多课程.课程一词源于拉

丁语,原意是"跑道".学校课程研究院院长秦建云说,"开设不同的课程,就是为了给学生开辟成长所需要的不同'跑道'.""过去,我们的学生就像一节节车厢,在升学、分数的单一跑道上被动前行;现在,学生装上了'发动机',变成了'动车',在不同的跑道上奔驰."

中国的教育,特别是数学教育广受诟病的一个现象是从小学到大学甚至到博士毕业都是在做别人的题目,而不善于提出自己的问题.

常用 google 的人都知道,google 提供一个"计算器"的功能.比如,你用 google 搜索"13 * 17 * 9",或搜索"2~6",都会在搜索结果页面最上方显示一个计算器,给到计算的答案.

然后,你试一下搜"the answer to life,the universe and everything"会怎么样? ——返回的搜索页面,居然也会出现计算器,给出答案:42.

手里有苹果家产品的,还可以问问 Siri,"What's the meaning of life?"Siri 照样回答你:42.

谷歌和苹果这都是向一个极客圈里中无人不知的典故致敬,这典故来自道格拉斯·亚当斯的《银河系漫游指南》.这本科幻小说里,有一个具有高度智慧的跨纬度生物种族,为了找出"生命、宇宙以及任何事情的答案",用整个星球的力量造出一台超级电脑"深思"(Deep Thought)来进行计算."深思"花了 750 万年来计算和验证,最后得出了"正确答案":42.

人们问 42 到底是什么意思,"深思"说:"只有你懂得了提问,才真的理解答案."(Only when you know the question,will you know what the answer means.)

把这个片段拆为己用:我们问人问题的时候,要想方设法提能真正从中得到学习的问题,而在回答别人(孩子、学生、下属……)提问时,提醒他不要太关注正确答案,促进他去思考自己的提问.

2014 年高考刚刚结束(在笔者写此编辑手记时),在笔者的微信中有人晒出了高三阶段领学生做过的练习册.用等身形容一点不为过,题量是有了,还有一个质的问题.

最近俄罗斯的出版机构频频向工作室推荐他们的几何精品图书.如沙雷金的《俄罗斯几何大师》、波拉索洛夫的《俄罗斯立体几何问题集》,其中题目精良.加之在斯普林格出版社购买的中、英文版权的《解析数论问题集》,甚至包括在罗马尼亚出版机构购买的《数学奥林匹克问题集》等都体现了不俗的品味.

法国著名的厨房毒舌哲学家萨瓦兰曾说,告诉我你吃的是什么,我就能说出你是怎样的人.吃饭,不仅填充能量,也无意中形塑我们的人格,我们很难想象苏小小天天大葱蘸酱,也很难想象鲁智深夜深人静不喝酒,而去煮一碗红豆小圆子.在不同的饮食系统中,其实蕴藏着最深刻普遍的文化系统,不妨说,读懂一个人的胃,才能读懂一个人的脑.

同理,只要看一看一个学生读的课外读物,他做过的题目,就知道他是一个什么层次的学生.学霸与学渣立见分晓!

刘培杰

2014.6.12

于哈工大

哈尔滨工业大学出版社刘培杰数学工作室
已出版(即将出版)图书目录

书 名	出版时间	定 价	编号
新编中学数学解题方法全书(高中版)上卷	2007－09	38.00	7
新编中学数学解题方法全书(高中版)中卷	2007－09	48.00	8
新编中学数学解题方法全书(高中版)下卷(一)	2007－09	42.00	17
新编中学数学解题方法全书(高中版)下卷(二)	2007－09	38.00	18
新编中学数学解题方法全书(高中版)下卷(三)	2010－06	58.00	73
新编中学数学解题方法全书(初中版)上卷	2008－01	28.00	29
新编中学数学解题方法全书(初中版)中卷	2010－07	38.00	75
新编中学数学解题方法全书(高考复习卷)	2010－01	48.00	67
新编中学数学解题方法全书(高考真题卷)	2010－01	38.00	62
新编中学数学解题方法全书(高考精华卷)	2011－03	68.00	118
新编平面解析几何解题方法全书(专题讲座卷)	2010－01	18.00	61
新编中学数学解题方法全书(自主招生卷)	2013－08	88.00	261
数学眼光透视	2008－01	38.00	24
数学思想领悟	2008－01	38.00	25
数学应用展观	2008－01	38.00	26
数学建模导引	2008－01	28.00	23
数学方法溯源	2008－01	38.00	27
数学史话览胜	2008－01	28.00	28
数学思维技术	2013－09	38.00	260
从毕达哥拉斯到怀尔斯	2007－10	48.00	9
从迪利克雷到维斯卡尔迪	2008－01	48.00	21
从哥德巴赫到陈景润	2008－05	98.00	35
从庞加莱到佩雷尔曼	2011－08	138.00	136
数学解题中的物理方法	2011－06	28.00	114
数学解题的特殊方法	2011－06	48.00	115
中学数学计算技巧	2012－01	48.00	116
中学数学证明方法	2012－01	58.00	117
数学趣题巧解	2012－03	28.00	128
三角形中的角格点问题	2013－01	88.00	207
含参数的方程和不等式	2012－09	28.00	213

哈尔滨工业大学出版社刘培杰数学工作室
已出版（即将出版）图书目录

哈尔滨工业大学出版社刘培杰数学工作室
已出版(即将出版)图书目录

书 名	出版时间	定 价	编号
俄罗斯平面几何问题集	2009—08	88.00	55
俄罗斯立体几何问题集	2014—03	58.00	283
俄罗斯几何大师——沙雷金论数学及其他	2014—01	48.00	271
来自俄罗斯的5000道几何习题及解答	2011—03	58.00	89
俄罗斯初等数学问题集	2012—05	38.00	177
俄罗斯函数问题集	2011—03	38.00	103
俄罗斯组合分析问题集	2011—01	48.00	79
俄罗斯初等数学万题选——三角卷	2012—11	38.00	222
俄罗斯初等数学万题选——代数卷	2013—08	68.00	225
俄罗斯初等数学万题选——几何卷	2014—01	68.00	226
463个俄罗斯几何老问题	2012—01	28.00	152
近代欧氏几何学	2012—03	48.00	162
罗巴切夫斯基几何学及几何基础概要	2012—07	28.00	188
超越吉米多维奇——数列的极限	2009—11	48.00	58
Barban Davenport Halberstam 均值和	2009—01	40.00	33
初等数论难题集(第一卷)	2009—05	68.00	44
初等数论难题集(第二卷)(上、下)	2011—02	128.00	82,83
谈谈素数	2011—03	18.00	91
平方和	2011—03	18.00	92
数论概貌	2011—03	18.00	93
代数数论(第二版)	2013—08	58.00	94
代数多项式	2014—06	38.00	289
初等数论的知识与问题	2011—02	28.00	95
超越数论基础	2011—03	28.00	96
数论初等教程	2011—03	28.00	97
数论基础	2011—03	18.00	98
数论基础与维诺格拉多夫	2014—03	18.00	292
解析数论基础	2012—08	28.00	216
解析数论基础(第二版)	2014—01	48.00	287
数论入门	2011—03	38.00	99
数论开篇	2012—07	28.00	194
解析数论引论	2011—03	48.00	100
复变函数引论	2013—10	68.00	269
无穷分析引论(上)	2013—04	88.00	247
无穷分析引论(下)	2013—04	98.00	245

哈尔滨工业大学出版社刘培杰数学工作室
已出版(即将出版)图书目录

书 名	出版时间	定 价	编号
数学分析	2014-04	28.00	338
数学分析中的一个新方法及其应用	2013-01	38.00	231
数学分析例选:通过范例学技巧	2013-01	88.00	243
三角级数论(上册)(陈建功)	2013-01	38.00	232
三角级数论(下册)(陈建功)	2013-01	48.00	233
三角级数论(哈代)	2013-06	48.00	254
基础数论	2011-03	28.00	101
超越数	2011-03	18.00	109
三角和方法	2011-03	18.00	112
谈谈不定方程	2011-05	28.00	119
整数论	2011-05	38.00	120
随机过程(Ⅰ)	2014-01	78.00	224
随机过程(Ⅱ)	2014-01	68.00	235
整数的性质	2012-11	38.00	192
初等数论100例	2011-05	18.00	122
初等数论经典例题	2012-07	18.00	204
最新世界各国数学奥林匹克中的初等数论试题(上、下)	2012-01	138.00	144,145
算术探索	2011-12	158.00	148
初等数论(Ⅰ)	2012-01	18.00	156
初等数论(Ⅱ)	2012-01	18.00	157
初等数论(Ⅲ)	2012-01	28.00	158
组合数学	2012-04	28.00	178
组合数学浅谈	2012-03	28.00	159
同余理论	2012-05	38.00	163
丢番图方程引论	2012-03	48.00	172
平面几何与数论中未解决的新老问题	2013-01	68.00	229
线性代数大题典	2014-07	88.00	351
历届美国中学生数学竞赛试题及解答(第一卷)1950-1954	2014-07	18.00	277
历届美国中学生数学竞赛试题及解答(第二卷)1955-1959	2014-04	18.00	278
历届美国中学生数学竞赛试题及解答(第三卷)1960-1964	2014-06	18.00	279
历届美国中学生数学竞赛试题及解答(第四卷)1965-1969	2014-04	28.00	280
历届美国中学生数学竞赛试题及解答(第五卷)1970-1972	2014-06	18.00	281

哈尔滨工业大学出版社刘培杰数学工作室
已出版(即将出版)图书目录

书 名	出版时间	定 价	编号
历届 IMO 试题集(1959—2005)	2006—05	58.00	5
历届 CMO 试题集	2008—09	28.00	40
历届加拿大数学奥林匹克试题集	2012—08	38.00	215
历届美国数学奥林匹克试题集:多解推广加强	2012—08	38.00	209
历届国际大学生数学竞赛试题集(1994—2010)	2012—01	28.00	143
全国大学生数学夏令营数学竞赛试题及解答	2007—03	28.00	15
全国大学生数学竞赛辅导教程	2012—07	28.00	189
全国大学生数学竞赛复习全书	2014—04	48.00	340
历届美国大学生数学竞赛试题集	2009—03	88.00	43
前苏联大学生数学奥林匹克竞赛题解(上编)	2012—04	28.00	169
前苏联大学生数学奥林匹克竞赛题解(下编)	2012—04	38.00	170
历届美国数学邀请赛试题集	2014—01	48.00	270
全国高中数学竞赛试题及解答.第1卷	2014—07	38.00	331
整函数	2012—08	18.00	161
多项式和无理数	2008—01	68.00	22
模糊数据统计学	2008—03	48.00	31
模糊分析学与特殊泛函空间	2013—01	68.00	241
受控理论与解析不等式	2012—05	78.00	165
解析不等式新论	2009—06	68.00	48
反问题的计算方法及应用	2011—11	28.00	147
建立不等式的方法	2011—03	98.00	104
数学奥林匹克不等式研究	2009—08	68.00	56
不等式研究(第二辑)	2012—02	68.00	153
初等数学研究(Ⅰ)	2008—09	68.00	37
初等数学研究(Ⅱ)(上、下)	2009—05	118.00	46,47
中国初等数学研究　2009卷(第1辑)	2009—05	20.00	45
中国初等数学研究　2010卷(第2辑)	2010—05	30.00	68
中国初等数学研究　2011卷(第3辑)	2011—07	60.00	127
中国初等数学研究　2012卷(第4辑)	2012—07	48.00	190
中国初等数学研究　2014卷(第5辑)	2014—02	48.00	288
数阵及其应用	2012—02	28.00	164
绝对值方程—折边与组合图形的解析研究	2012—07	48.00	186
不等式的秘密(第一卷)	2012—02	28.00	154
不等式的秘密(第一卷)(第2版)	2014—02	38.00	286
不等式的秘密(第二卷)	2014—01	38.00	268

哈尔滨工业大学出版社刘培杰数学工作室
已出版（即将出版）图书目录

书　名	出版时间	定　价	编号
初等不等式的证明方法	2010—06	38.00	123
数学奥林匹克在中国	2014—06	98.00	344
数学奥林匹克问题集	2014—01	38.00	267
数学奥林匹克不等式散论	2010—06	38.00	124
数学奥林匹克不等式欣赏	2011—09	38.00	138
数学奥林匹克超级题库（初中卷上）	2010—01	58.00	66
数学奥林匹克不等式证明方法和技巧（上、下）	2011—08	158.00	134,135
近代拓扑学研究	2013—04	38.00	239
新编640个世界著名数学智力趣题	2014—01	88.00	242
500个最新世界著名数学智力趣题	2008—06	48.00	3
400个最新世界著名数学最值问题	2008—09	48.00	36
500个世界著名数学征解问题	2009—06	48.00	52
400个中国最佳初等数学征解老问题	2010—01	48.00	60
500个俄罗斯数学经典老题	2011—01	28.00	81
1000个国外中学物理好题	2012—04	48.00	174
300个日本高考数学题	2012—05	38.00	142
500个前苏联早期高考数学试题及解答	2012—05	28.00	185
546个早期俄罗斯大学生数学竞赛题	2014—03	38.00	285
博弈论精粹	2008—03	58.00	30
数学 我爱你	2008—01	28.00	20
精神的圣徒 别样的人生——60位中国数学家成长的历程	2008—09	48.00	39
数学史概论	2009—06	78.00	50
数学史概论（精装）	2013—03	158.00	272
斐波那契数列	2010—02	28.00	65
数学拼盘和斐波那契魔方	2010—07	38.00	72
斐波那契数列欣赏	2011—01	28.00	160
数学的创造	2011—02	48.00	85
数学中的美	2011—02	38.00	84
王连笑教你怎样学数学——高考选择题解题策略与客观题实用训练	2014—01	48.00	262
最新全国及各省市高考数学试卷解法研究及点拨评析	2009—02	38.00	41
高考数学的理论与实践	2009—08	38.00	53
中考数学专题总复习	2007—04	28.00	6
向量法巧解数学高考题	2009—08	28.00	54
高考数学核心题型解题方法与技巧	2010—01	28.00	86
高考思维新平台	2014—03	38.00	259
数学解题——靠数学思想给力（上）	2011—07	38.00	131
数学解题——靠数学思想给力（中）	2011—07	48.00	132
数学解题——靠数学思想给力（下）	2011—07	38.00	133
我怎样解题	2013—01	48.00	227

哈尔滨工业大学出版社刘培杰数学工作室
已出版(即将出版)图书目录

哈尔滨工业大学出版社刘培杰数学工作室
已出版（即将出版）图书目录

书　名	出版时间	定　价	编号
力学在几何中的一些应用	2013—01	38.00	240
高斯散度定理、斯托克斯定理和平面格林定理——从一道国际大学生数学竞赛试题谈起	即将出版		
康托洛维奇不等式——从一道全国高中联赛试题谈起	2013—03	28.00	337
西格尔引理——从一道第18届IMO试题的解法谈起	即将出版		
罗斯定理——从一道前苏联数学竞赛试题谈起	即将出版		
拉克斯定理和阿廷定理——从一道IMO试题的解法谈起	2014—01	58.00	246
毕卡大定理——从一道美国大学数学竞赛试题谈起	2014—07	18.00	350
贝齐尔曲线——从一道全国高中联赛试题谈起	即将出版		
拉格朗日乘子定理——从一道2005年全国高中联赛试题谈起	即将出版		
雅可比定理——从一道日本数学奥林匹克试题谈起	2013—04	48.00	249
李天岩—约克定理——从一道波兰数学竞赛试题谈起	2014—06	28.00	349
整系数多项式因式分解的一般方法——从克朗耐克算法谈起	即将出版		
布劳维不动点定理——从一道前苏联数学奥林匹克试题谈起	2014—01	38.00	273
压缩不动点定理——从一道高考数学试题的解法谈起	即将出版		
伯恩赛德定理——从一道英国数学奥林匹克试题谈起	即将出版		
布查特—莫斯特定理——从一道上海市初中竞赛试题谈起	即将出版		
数论中的同余数问题——从一道普特南竞赛试题谈起	即将出版		
范·德蒙行列式——从一道美国数学奥林匹克试题谈起	即将出版		
中国剩余定理——从一道美国数学奥林匹克试题的解法谈起	即将出版		
牛顿程序与方程求根——从一道全国高考试题解法谈起	即将出版		
库默尔定理——从一道IMO预选试题谈起	即将出版		
卢丁定理——从一道冬令营试题的解法谈起	即将出版		
沃斯滕霍姆定理——从一道IMO预选试题谈起	即将出版		
卡尔松不等式——从一道莫斯科数学奥林匹克试题谈起	即将出版		
信息论中的香农熵——从一道近年高考压轴题谈起	即将出版		
约当不等式——从一道希望杯竞赛试题谈起	即将出版		
拉比诺维奇定理	即将出版		
刘维尔定理——从一道《美国数学月刊》征解问题的解法谈起	即将出版		
卡塔兰恒等式与级数求和——从一道IMO试题的解法谈起	即将出版		
勒让德猜想与素数分布——从一道爱尔兰竞赛试题谈起	即将出版		
天平称重与信息论——从一道基辅市数学奥林匹克试题谈起	即将出版		

哈尔滨工业大学出版社刘培杰数学工作室
已出版（即将出版）图书目录

书　名	出版时间	定　价	编号
艾思特曼定理——从一道 CMO 试题的解法谈起	即将出版		
一个爱尔特希问题——从一道西德数学奥林匹克试题谈起	即将出版		
有限群中的爱丁格尔问题——从一道北京市初中二年级数学竞赛试题谈起	即将出版		
贝克码与编码理论——从一道全国高中联赛试题谈起	即将出版		
帕斯卡三角形	2014—03	18.00	294
蒲丰投针问题——从 2009 年清华大学的一道自主招生试题谈起	2014—01	38.00	295
斯图姆定理——从一道"华约"自主招生试题的解法谈起	2014—01	18.00	296
许瓦兹引理——从一道加利福尼亚大学伯克利分校数学系博士生试题谈起	2014—01		297
拉格朗日中值定理——从一道北京高考试题的解法谈起	2014—01		298
拉姆塞定理——从王诗宬院士的一个问题谈起	2014—01		299
坐标法	2013—12	28.00	332
数论三角形	2014—04	38.00	341
毕克定理	2014—07	18.00	352
中等数学英语阅读文选	2006—12	38.00	13
统计学专业英语	2007—03	28.00	16
统计学专业英语(第二版)	2012—07	48.00	176
幻方和魔方(第一卷)	2012—05	68.00	173
尘封的经典——初等数学经典文献选读(第一卷)	2012—07	48.00	205
尘封的经典——初等数学经典文献选读(第二卷)	2012—07	38.00	206
实变函数论	2012—06	78.00	181
非光滑优化及其变分分析	2014—01	48.00	230
疏散的马尔科夫链	2014—01	58.00	266
初等微分拓扑学	2012—07	18.00	182
方程式论	2011—03	38.00	105
初级方程式论	2011—03	28.00	106
Galois 理论	2011—03	18.00	107
古典数学难题与伽罗瓦理论	2012—11	58.00	223
伽罗华与群论	2014—01	28.00	290
代数方程的根式解及伽罗瓦理论	2011—03	28.00	108
线性偏微分方程讲义	2011—03	18.00	110
N 体问题的周期解	2011—03	28.00	111
代数方程式论	2011—05	18.00	121
动力系统的不变量与函数方程	2011—07	48.00	137
基于短语评价的翻译知识获取	2012—02	48.00	168
应用随机过程	2012—04	48.00	187
概率论导引	2012—04	18.00	179
矩阵论(上)	2013—06	58.00	250
矩阵论(下)	2013—06	48.00	251

哈尔滨工业大学出版社刘培杰数学工作室
已出版(即将出版)图书目录

书　名	出版时间	定　价	编号
抽象代数:方法导引	2013—06	38.00	257
闵嗣鹤文集	2011—03	98.00	102
吴从炘数学活动三十年(1951~1980)	2010—07	99.00	32
吴振奎高等数学解题真经(概率统计卷)	2012—01	38.00	149
吴振奎高等数学解题真经(微积分卷)	2012—01	68.00	150
吴振奎高等数学解题真经(线性代数卷)	2012—01	58.00	151
高等数学解题全攻略(上卷)	2013—06	58.00	252
高等数学解题全攻略(下卷)	2013—06	58.00	253
高等数学复习纲要	2014—01	18.00	384
钱昌本教你快乐学数学(上)	2011—12	48.00	155
钱昌本教你快乐学数学(下)	2012—03	58.00	171
数贝偶拾——高考数学题研究	2014—04	28.00	274
数贝偶拾——初等数学研究	2014—04	38.00	275
数贝偶拾——奥数题研究	2014—04	48.00	276
集合、函数与方程	2014—01	28.00	300
数列与不等式	2014—01	38.00	301
三角与平面向量	2014—01	28.00	302
平面解析几何	2014—01	38.00	303
立体几何与组合	2014—01	28.00	304
极限与导数、数学归纳法	2014—01	38.00	305
趣味数学	2014—03	28.00	306
教材教法	2014—04	68.00	307
自主招生	2014—05	58.00	308
高考压轴题(上)	即将出版		309
高考压轴题(下)	即将出版		310
从费马到怀尔斯——费马大定理的历史	2013—10	198.00	I
从庞加莱到佩雷尔曼——庞加莱猜想的历史	2013—10	298.00	II
从切比雪夫到爱尔特希(上)——素数定理的初等证明	2013—07	48.00	III
从切比雪夫到爱尔特希(下)——素数定理100年	2012—12	98.00	III
从高斯到盖尔方特——虚二次域的高斯猜想	2013—10	198.00	IV
从库默尔到朗兰兹——朗兰兹猜想的历史	2014—01	98.00	V
从比勃巴赫到德布朗斯——比勃巴赫猜想的历史	2014—02	298.00	VI
从麦比乌斯到陈省身——麦比乌斯变换与麦比乌斯带	2014—02	298.00	VII
从布尔到豪斯道夫——布尔方程与格论漫谈	2013—10	198.00	VIII
从开普勒到阿诺德——三体问题的历史	2014—05	298.00	IX
从华林到华罗庚——华林问题的历史	2013—10	298.00	X

哈尔滨工业大学出版社刘培杰数学工作室
已出版(即将出版)图书目录

书　名	出版时间	定　价	编号
三角函数	2014—01	38.00	311
不等式	2014—01	28.00	312
方程	2014—01	28.00	314
数列	2014—01	38.00	313
排列和组合	2014—01	28.00	315
极限与导数	2014—01	28.00	316
向量	2014—01	38.00	317
复数及其应用	2014—01	28.00	318
函数	2014—01	38.00	319
集合	即将出版		320
直线与平面	2014—01	28.00	321
立体几何	2014—04	28.00	322
解三角形	即将出版		323
直线与圆	2014—01	28.00	324
圆锥曲线	2014—01	38.00	325
解题通法(一)	2014—01	38.00	326
解题通法(二)	2014—07	38.00	327
解题通法(三)	2014—05	38.00	328
概率与统计	2014—01	28.00	329
信息迁移与算法	即将出版		330
第19～23届"希望杯"全国数学邀请赛试题审题要津详细评注(初一版)	2014—03	28.00	333
第19～23届"希望杯"全国数学邀请赛试题审题要津详细评注(初二、初三版)	2014—03	38.00	334
第19～23届"希望杯"全国数学邀请赛试题审题要津详细评注(高一版)	2014—03	28.00	335
第19～23届"希望杯"全国数学邀请赛试题审题要津详细评注(高二版)	2014—03	38.00	336
物理奥林匹克竞赛大题典——力学卷	即将出版		
物理奥林匹克竞赛大题典——热学卷	2014—04	28.00	339
物理奥林匹克竞赛大题典——电磁学卷	即将出版		
物理奥林匹克竞赛大题典——光学与近代物理卷	2014—06	28.00	345

哈尔滨工业大学出版社刘培杰数学工作室
已出版（即将出版）图书目录

书　　名	出版时间	定　价	编号
历届中国东南地区数学奥林匹克试题集(2004~2012)	2014—06	18.00	346
历届中国西部地区数学奥林匹克试题集(2001~2012)	2014—07	18.00	347
历届中国女子数学奥林匹克试题集(2002~2012)	2014—08	18.00	348

联系地址:哈尔滨市南岗区复华四道街 10 号　哈尔滨工业大学出版社刘培杰数学工作室
网　　址:http://lpj.hit.edu.cn/
邮　　编:150006
联系电话:0451—86281378　　13904613167
E-mail:lpj1378@163.com